高职高专“十二五”规划教材

氧化铝制取

主　编　刘自力　刘洪萍
副主编　卢宇飞　杨德荣

北　京
冶金工业出版社
2023

内 容 提 要

本书主要讲述拜耳法制取氧化铝的基础理论和操作技术,包括氧化铝制取基础和工艺流程、原矿浆的制备、拜耳法高压溶出、赤泥的分离和洗涤、铝酸钠溶液的晶种分解、氢氧化铝煅烧、分解母液的蒸发与苏打的苛化、氧化铝生产的安全与环境保护等内容。

本书为高职高专冶金技术及相关专业的教材,也可作为行业职业技能培训教材,或供相关专业工程技术人员参考。

图书在版编目(CIP)数据

氧化铝制取/刘自力,刘洪萍主编.—北京:冶金工业出版社,2010.10(2023.1 重印)

高职高专“十二五”规划教材

ISBN 978-7-5024-5387-9

Ⅰ.①氧… Ⅱ.①刘… ②刘… Ⅲ.①氧化铝—生产工艺—高等学校:技术学校—教材 Ⅳ.①TF821

中国版本图书馆 CIP 数据核字(2010)第 198355 号

氧化铝制取

出版发行 冶金工业出版社 **电　话** (010)64027926

地　址 北京市东城区嵩祝院北巷 39 号 **邮　编** 100009

网　址 www.mip1953.com **电子信箱** service@mip1953.com

责任编辑 宋 良 高 娜 美术编辑 彭子赫 版式设计 葛新霞

责任校对 卿文春 责任印制 禹 蕊

三河市双峰印刷装订有限公司印刷

2010 年 10 月第 1 版,2023 年 1 月第 6 次印刷

787mm×1092mm 1/16;8.5 印张;199 千字;122 页

定价 18.00 元

投稿电话 (010)64027932 投稿信箱 tougao@cnmip.com.cn

营销中心电话 (010)64044283

冶金工业出版社天猫旗舰店 yjgycbs.tmall.com

(本书如有印装质量问题,本社营销中心负责退换)

序

昆明冶金高等专科学校冶金技术专业是国家示范性高职院校建设项目，中央财政重点建设专业。在示范建设工作中，我们围绕专业课程体系的建设目标，根据火法冶金、湿法冶金技术领域和各类冶炼工职业岗位（群）的任职要求，参照国家职业标准，对原有课程体系和教学内容进行了大力改革。以突出职业能力和工学结合特色为核心，与企业共同开发出了紧密结合生产实际的工学结合特色教材。我们希望这些教材的出版发行，对探索我国冶金高等职业教育改革的成功之路，对冶金高技能人才的培养，起到积极的推动作用。

高等职业教育的改革之路任重道远，我们希望能够得到读者的大力支持和帮助。请把您的宝贵意见及时反馈给我们，我们将不胜感激！

昆明冶金高等专科学校

前言

本书是按照教育部高职高专人才培养目标和规格应具有的知识结构、能力结构和素质要求，在总结近年来教学经验并征求相关企业工程技术人员意见的基础上编写而成的。

铝是国民经济建设中重要的原材料，而氧化铝是制取金属铝的唯一原料，因此，氧化铝的生产具有重要的工业价值和社会意义。“氧化铝制取”课程是国家示范建设院校重点建设专业(冶金技术专业)的重点建设课程之一，是冶金技术专业必修的核心主干课程，是培养冶金专业实用型人才整体知识结构和综合能力的重要组成部分。本课程主要培养学生掌握氧化铝生产的基本知识和基本技能，使学生初步形成分析问题和解决问题的能力，熟练掌握氧化铝生产的工艺设备和机械设备的相关知识，毕业后能在氧化铝生产企业中进行生产和解决实际操作中的技术问题，成为高等技术应用型的专门人才。

为了适应氧化铝生产技术发展的需要，通过与氧化铝生产企业的合作，我们以实际工艺流程为导向重新选择和组织课程内容，以国家职业标准为依据与企业共同制订出基于工作过程的课程标准，根据企业的生产实际和岗位群的技能要求编写此书。本书以拜耳法生产氧化铝工艺流程为内容载体，共设计“氧化铝制取基础和工艺流程”、“原矿浆的制备”、“拜耳法高压溶出”、“赤泥的分离和洗涤”、“铝酸钠溶液的晶种分解”、“氢氧化铝煅烧”、“分解母液的蒸发与苏打的苛化”、“氧化铝生产的安全与环境保护”8 个单元。理论知识以够用为度，主要讲求工作过程、实践过程的系统性和完整性，力求体现学习过程和工作过程的一致性。在编写过程中，吸收了国内外有关先进的技术成果和生产经验，充实了必要的基础知识和基本操作技能；叙述上由浅入深，理论联系实践，内容充实，标准规范，实用性强。

为体现职业教育的特点，使学生提高理论知识的应用和实践技术的操作，提高分析解决问题的技能，昆明冶金高等专科学校与北京东方仿真软件技术有限公司还合作开发制作了氧化铝生产仿真实训软件，编写了《氧化铝生产仿真实训》教材，通过单机仿真和联合作业，可为受训人员提供安全、经济的离线培训条件。

本书由昆明冶金高等专科学校刘自力、刘洪萍担任主编，昆明冶金高等专科学校卢宇飞、文山铝业有限公司杨德荣担任副主编。第 1 章由刘洪萍、卢宇飞编写；第 2 章由刘洪萍、龙晓波编写；第 3 章、第 4 章由陈利生、杨德荣编写；第 5

章、第6章由黄卉、张凤霞编写；第7章、第8章由刘自力、张文莉编写。全书由刘自力、刘洪萍整理定稿。在编写过程中，参考了一些文献资料，谨向各位作者、出版社致以诚挚的谢意！

由于编者水平所限，书中不妥之处恳请读者批评指正。

编　者

2010年8月

目 录

1 氧化铝制取基础和工艺流程

1.1 氧化铝及其水合物的性质

1.1.1 氧化铝水合物的分类

氧化铝水合物（$Al_2O_3 \cdot nH_2O$）根据所含结晶水数目（n）的不同分为三水型氧化铝、一水型氧化铝和铝胶三大类（见表1－1）。其中，三水型氧化铝为 $n=3$ 的氧化铝水合物，包括三水铝石、拜耳石、诺耳石；一水型氧化铝为 $n=1$ 的氧化铝水合物，包括一水硬铝石、一水软铝石；铝胶为含结晶水不完善的氧化铝水合物（$n \neq$ 整数）。

表1－1 氧化铝水合物的分类及其表示符号

类　别	组　成	名　称	常用符号
三水型氧化铝	$Al_2O_3 \cdot 3H_2O$	三水铝石	$Al(OH)_3$ 或 $Al_2O_3 \cdot 3H_2O$
		拜耳石	$\beta-Al(OH)_3$ 或 $\beta-Al_2O_3 \cdot 3H_2O$
		诺耳石	$\beta-Al(OH)_3$ 或 $\beta-Al_2O_3 \cdot 3H_2O$
一水型氧化铝	$Al_2O_3 \cdot H_2O$	一水硬铝石	$\alpha-AlOOH$ 或 $\gamma-Al_2O_3 \cdot H_2O$
		一水软铝石	$\beta-AlOOH$ 或 $\alpha-Al_2O_3 \cdot H_2O$
铝　胶	$Al_2O_3 \cdot nH_2O$	拟薄水铝石	$\alpha-Al_2O_3 \cdot nH_2O$（$n$ 为1.4～2.0）
		无定形铝胶	$Al_2O_3 \cdot nH_2O$（n 为3～5）

目前，作为生产氧化铝的主要原料是铝元素以三水铝石、一水硬铝石及一水软铝石等形态存在的各类铝土矿。不同类型的铝土矿与氧化铝生产工艺流程的选择和技术条件的控制有着紧密联系，所以对不同形态的氧化铝水合物的性质应该有充分的了解。

1.1.2 氧化铝水合物的性质

1.1.2.1 物理性质

各种氧化铝及其水合物的物理性质各不相同，其密度和硬度是按下列次序增加的：三水铝石→一水软铝石→一水硬铝石。氧化铝及其水合物的物理性质见表1－2。

表1－2 氧化铝及其水合物的物理性质

项　目	三水铝石	一水软铝石	一水硬铝石
相对密度	2.42	3.01	3.44
莫氏硬度	2.5～3.5	3.5～4	6.5～7

1.1.2.2 化学性质

氧化铝及其水合物是两性化合物，均不溶于水，而溶于酸和碱液中。氧化铝及其水合物溶解于弱酸和弱碱时所生成的铝盐很不稳定，会立即发生水解生成氢氧化铝，因此弱酸和弱碱不能用于氧化铝的工业生产中；溶解于强酸和强碱时所生成的铝盐则较为稳定，在工业控制条件下能够满足生产要求，所以工业上的酸法和碱法生产氧化铝就是利用了这种性质。

不同形态的氧化铝及其水合物溶解于酸和碱液中的速度和溶解度是不相同的。三水铝石最易溶解，一水软铝石次之，一水硬铝石则很难溶解。因此，在碱法生产氧化铝时，铝土矿中铝的存在形态就决定了溶解条件，进而决定了能耗、生产成本等指标。另外，由于电解铝生产对作为原料的氧化铝有化学活性方面的要求，氢氧化铝的焙烧条件同样也很重要，在低温焙烧的条件下会得到化学活性好的 $\gamma-Al_2O_3$，在高温焙烧的条件下会得到化学活性差的 $\alpha-Al_2O_3$。因此，在氧化铝生产中要充分注意到不同形态氧化铝及其水合物的物理化学性质的不同，根据铝土矿资源条件和下游产业的要求来控制氧化铝生产工艺技术条件。

1.1.3　铝土矿

铝是地壳中分布最广的元素之一，在地壳中的质量分数为 8.8%，其量仅次于氧。而在金属元素中，铝元素在地壳中的含量为第一。

铝是化学性很活泼的元素，在自然界中只以化合物状态存在。自然界中已发现的含铝矿物达 250 多种，其中主要矿物有铝土矿、霞石、明矾石、高岭土和黏土等。目前，铝土矿是氧化铝生产最主要的矿物资源，世界上 95% 以上的氧化铝出自铝土矿。

1.1.3.1　铝土矿资源

我国是铝土矿的资源大国。铝土矿主要分布于山西、河南、贵州、广西及山东等省。我国铝土矿资源的特点是高硅低铁的一水硬铝石型矿居多，品位呈不均一性，铝硅比低（4 ~ 7）。针对这种矿石特点，我国自主开发了混联法生产氧化铝的工艺流程。

1.1.3.2　铝土矿的类型

铝土矿中的铝元素是以氧化铝水合物状态存在的。根据其氧化铝水合物所含结晶水数目的不同，以及晶型结构的不同，铝土矿可分为三水铝石型、一水软铝石型、一水硬铝石型和混合型四类矿种。采用不同类型的铝土矿做原料时，氧化铝生产工艺的选择和技术条件的控制是不同的，所以对铝土矿类型的鉴定有重大意义。

1.1.3.3　铝土矿的质量标准

铝土矿的质量会影响生产技术条件的控制、设备的产能、能耗及产品质量等各个方面。判断铝土矿质量的指标主要有氧化铝含量、二氧化硅含量和铝土矿的类型。

（1）氧化铝含量。氧化铝在铝土矿石中的含量越高，铝土矿中的杂质就会越少，设备产能、能耗、产品质量等指标就会越好。

（2）二氧化硅含量。铝土矿中最主要的杂质是氧化铁和二氧化硅。在碱法生产氧化铝工艺中，氧化铁不溶于碱性溶液，会直接进入渣中排掉；二氧化硅为酸性氧化物，会溶解进入碱液中，但随后会以不溶性物质含水铝硅酸钠形式析出，造成氧化钠和氧化铝的损失。因此，二氧化硅是碱法生产氧化铝中最有害的杂质。用于表示铝土矿中二氧化硅含量的指标是铝硅比，即矿中所含的氧化铝与二氧化硅的质量之比，通常以 $w(Al_2O_3)/w(SiO_2)$ 表示。

$w(Al_2O_3)/w(SiO_2)$越高,铝土矿质量越好。

(3)铝土矿的类型。不同类型的铝土矿因为在拜耳法生产氧化铝时氧化铝溶出的难易程度不同,则所采取的工艺技术条件也不相同。三水铝石型矿最易溶出,一水软铝石型矿次之,一水硬铝石型矿最难溶出。所以,铝土矿的类型对采用拜耳法工艺生产氧化铝意义重大。而铝土矿的类型对采用烧结法工艺生产氧化铝来说则意义不大。

1.1.4 电解炼铝对氧化铝的质量要求

氧化铝总产量的90%以上是作为电解铝生产的原料。氧化铝生产的技术条件要根据电解铝生产对氧化铝的物理性质及化学纯度上的要求来进行控制。

1.1.4.1 电解炼铝对氧化铝化学纯度的要求

电解炼铝对氧化铝化学纯度的要求是:

(1)氧化铝中所含氧化铁、二氧化钛、二氧化硅等杂质要尽可能少。在电解铝生产过程中,这些氧化物杂质中的铁、钛、硅会被电解析出进入金属铝液中,导致产品金属铝的等级下降,并且使电流效率下降。

(2)氧化铝中所含氧化钠和水分要尽可能少。在电解过程中,氧化钠会与冰晶石发生反应,生成氟化钠,造成电解质 NaF 与 AlF_3 的量之比(摩尔质量比)变化,增加氟化铝的消耗。水分同样会与冰晶石发生反应,生成氟化氢,造成电解质摩尔质量比变化,增加氟化铝的消耗,同时产生有害气体氟化氢,污染环境。

我国氧化铝的质量标准见表1-3。

表1-3 我国氧化铝的质量标准(GB 8178—87)

等级	化学成分(质量分数)/%				
	Al_2O_3	杂质			
		SiO_2	Fe_2O_3	Na_2O	灼减
一级	≥98.6	≤0.02	≤0.03	≤0.55	≤0.8
二级	≥98.5	≤0.04	≤0.04	≤0.60	≤0.8
三级	≥98.4	≤0.06	≤0.04	≤0.65	≤0.8
四级	≥98.3	≤0.08	≤0.05	≤0.70	≤0.8
五级	≥98.2	≤0.10	≤0.05	≤0.70	≤1.0
六级	≥97.8	≤0.15	≤0.06	≤0.70	≤1.2

1.1.4.2 电解炼铝对氧化铝物理性质的要求

电解炼铝对氧化铝物理性质的要求是:

(1)氧化铝在冰晶石电解质中溶解速度要快;

(2)输送加料过程中,氧化铝飞扬损失要小,以降低氧化铝单耗指标;

(3)氧化铝能在阳极表面覆盖良好,减少阳极氧化;

(4)氧化铝应具有良好的保温性能,减少电解槽热量损失;

(5)氧化铝应具有较好的化学活性和吸附能力,以吸附电解槽烟气中的氟化氢气体。

氧化铝产品根据其物理性质不同,分为砂状氧化铝、面粉状氧化铝和中间状氧化铝。其中,砂状氧化铝因为能很好地满足电解铝生产对氧化铝物理性质的要求,所以目前砂状氧化铝已成为氧化铝生产的主要产品。

不同类型氧化铝的物理性质见表1-4。

表1-4 不同类型氧化铝的物理性质

物理性能	氧化铝类型		
	砂 状	面粉状	中间状
不大于44μm的粒级含量/%	10	20~50	10~20
平均直径/μm	80~100	50	50~80
安息角/(°)	30~35	>45	30~40
比表面积/$m^2 \cdot g^{-1}$	>35	<5	>35
密度/$g \cdot cm^{-3}$	≤3.7	3.9	≤3.7
堆积密度/$g \cdot cm^{-3}$	>0.85	0.95	>0.85

表1-4中,安息角是指物料在光滑平面上自然堆积的倾角,是表示氧化铝流动性能好坏的指标。安息角越大,氧化铝的流动性越差;安息角越小,氧化铝的流动性越好。比表面积是指单位质量物料的外表面积与内孔表面积之和的总表面积,是表示氧化铝化学活性的指标。比表面积越大,氧化铝的化学活性越好,越易溶解;比表面积越小,氧化铝的化学活性越差,越不易溶解。堆积密度是指在自然状态下单位体积物料的质量。通常堆积密度小的氧化铝有利于在电解质中溶解。粒度是指氧化铝颗粒的粗细程度。过粗的氧化铝在电解质中的溶解速度慢,甚至会产生沉淀;而过细的氧化铝则飞扬损失加大。

1.2 氧化铝生产方法概述

熔盐电解法生产金属铝的原料——氧化铝是一种两性化合物,可以用碱或酸从铝土矿中把氧化铝与其他杂质分离出来而得到纯净的氧化铝。另外,还可以先用电炉熔炼的方法得到高品位的氧化铝渣,然后再进行碱法或酸法处理生产氧化铝。目前,除碱法外,酸法、电炉熔炼法都没有在氧化铝工业上使用。本书仅介绍碱法生产氧化铝工艺。

碱法生产氧化铝的一般工艺过程是:通过加入氢氧化钠或碳酸钠来处理经采选后的铝土矿,得到铝酸钠溶液,这种溶液经过净化处理后,用降温或碳酸化方法进行强制分解得到氢氧化铝,然后经过焙烧脱水得到产品氧化铝。

碱法生产氧化铝工艺又分为拜耳法、碱-石灰烧结法及联合法三种。分别简述如下。

1.2.1 拜耳法

采用拜耳法生产的氧化铝量占到总产量的90%以上,它是采用高铝硅比铝土矿做原料的新建铝厂首选的工艺流程。

拜耳法生产氧化铝的工艺过程是:用含有氢氧化钠的溶液在高温高压下溶出铝土矿中的氧化铝得到铝酸钠溶液,而矿石中的杂质则生成不溶性化合物入渣,铝酸钠溶液在净化后,加入氢氧化铝晶种进行分解,得到氢氧化铝晶体,然后经焙烧脱水得到氧化铝产品。

拜耳法生产氧化铝工艺的优点是:

(1)生产流程简单;

(2)由于流程中没有烧结工序,单位能耗比其他工艺流程低,仅为41.49GJ/t;

(3)在生产过程中外加物少,晶种分解为自发分解,杂质析出的数量少,产品氧化铝质量好。

拜耳法生产氧化铝工艺的缺点是:不能处理铝硅比低的铝土矿,仅适合处理铝硅比大于7的铝土矿,尤其是铝硅比大于10的铝土矿。

1.2.2 碱-石灰烧结法

碱-石灰烧结法生产氧化铝的工艺过程是:将铝土矿、碳酸钠和石灰制成料浆进行烧结得到铝酸钠熟料,然后用水或稀碱溶液对铝酸钠熟料进行溶出,得到铝酸钠溶液,将此溶液进行脱硅净化处理后,往溶液中通入二氧化碳气体进行碳酸化分解,得到氢氧化铝晶体,再经焙烧脱水得到氧化铝产品。

碱-石灰烧结法生产氧化铝工艺的优点是:

(1)可以处理铝硅比低的高硅铝土矿;

(2)生产消耗的是价格低廉的碳酸钠。

碱-石灰烧结法生产氧化铝工艺的缺点是:

(1)由于有烧结工序,单位能耗高,达48.31GJ/t;

(2)生产流程复杂;

(3)碳酸化分解的方法造成氧化铝产品质量差。

虽然碱-石灰烧结法生产氧化铝工艺能够处理铝硅比低的铝土矿,但铝硅比越低,生产流程中的物料流量就越大,就会造成设备产能越低。因此,从经济角度分析,碱-石灰烧结法生产氧化铝工艺并不适宜处理铝硅比低于3的铝土矿。

1.2.3 联合法

联合法就是将拜耳法和烧结法联结起来形成的工艺过程。根据联结方式的不同分为串联法、并联法和混联法三种。

我国的铝土矿特点是高硅低铁,矿石难以溶解,并且成分不均一。针对这个特点,我国首创出混联法。目前,我国的氧化铝厂采用的联合法都是混联法。

混联法的生产过程是:使用拜耳法处理低硅铝土矿得到赤泥和铝酸钠溶液,溶液送去净化分解,赤泥则与一部分高硅铝土矿混合烧结成熟料进入烧结法生产流程。

混联法生产氧化铝的优点是:

(1)拜耳法产出的赤泥通过烧结充分回收了其中的氧化铝和氧化钠;

(2)适应了铝土矿成分的不均一性,最大限度地利用了资源;

(3)氧化铝生产过程的补碱由价格低廉的碳酸钠供应。

混联法生产氧化铝的缺点是:

(1)同时具有拜耳法和烧结法两种工艺流程,生产流程复杂,设备繁多;

(2)两套工艺相互交叉,生产协调非常复杂。

1.3 铝酸钠溶液的性质

碱法生产氧化铝都是通过不同的途径使氧化铝从铝土矿中溶出成为铝酸钠溶液,而杂质入渣,铝酸钠溶液经净化后分解析出氢氧化铝。因此,碱法生产氧化铝的实质就是铝酸钠溶液的制备、净化和分解过程。铝酸钠溶液是生产过程重要的中间产物,掌握铝酸钠溶液的基本特性有重要意义。

1.3.1 铝酸钠溶液的特性参数

1.3.1.1 铝酸钠溶液浓度的表示法

A 碱的类型及符号

工业铝酸钠溶液中有以 $NaAl(OH)_4$ 分子形式存在的 Na_2O,也有以 NaOH 分子形式存在的游离 Na_2O,另外还有以 Na_2CO_3 分子形式存在的 Na_2O 及以 Na_2SO_4 分子形式存在的 Na_2O,以这些分子形式存在的 Na_2O 在工业上都有各自的名称。

苛性碱:指以 $NaAl(OH)_4$ 分子和 NaOH 分子等形式存在的 Na_2O,用符号 $Na_2O_{苛}$ 或 Na_2O_K 表示。

碳酸碱:指以 Na_2CO_3 分子形式存在的 Na_2O,用符号 $Na_2O_{碳}$ 或 Na_2O_C 表示。

硫酸碱:指以 Na_2SO_4 分子形式存在的 Na_2O,用符号 $Na_2O_{硫}$ 或 Na_2O_S 表示。

全碱:指以苛性碱和碳酸碱状态存在的 Na_2O 的总和,用符号 $Na_2O_{全}$ 或 Na_2O_T 表示。

B 铝酸钠溶液浓度的表示法

工业铝酸钠溶液浓度的表示一般是以氧化铝和氧化钠的质量浓度表示。例如 $\rho(Al_2O_3)=50g/L$ 或 $\rho(Na_2O_K)=150g/L$。

1.3.1.2 铝酸钠溶液的苛性比

苛性比是碱法生产氧化铝的重要概念和指标,它表示铝酸钠溶液溶解氧化铝的饱和程度及溶液的稳定性。

铝酸钠溶液的苛性比是指铝酸钠溶液中所含苛性碱与氧化铝的物质的量之比,用符号 α_K 表示。其计算式为:

$$\alpha_K=\frac{\text{溶液中 }Na_2O_K\text{ 物质的量}}{\text{溶液中 }Al_2O_3\text{ 物质的量}}=\frac{n(Na_2O_K)}{n(Al_2O_3)}=\frac{c(Na_2O_K)}{c(Al_2O_3)} \quad (1-1)$$

换算成质量浓度表示为:

$$\alpha_K=\frac{\rho(Na_2O_K)}{\rho(Al_2O_3)}\times\frac{102}{62}=\frac{\rho(Na_2O_K)}{\rho(Al_2O_3)}\times1.645 \quad (1-2)$$

式中 $n(Na_2O_K)$,$n(Al_2O_3)$——分别为铝酸钠溶液中苛性碱和氧化铝的物质的量,mol;

$c(Na_2O_K)$,$c(Al_2O_3)$——分别为铝酸钠溶液中苛性碱和氧化铝的物质的量浓度,mol/L;

$\rho(Na_2O_K)$,$\rho(Al_2O_3)$——分别为铝酸钠溶液中苛性碱和氧化铝的质量浓度,g/L;

62,102——分别为铝酸钠溶液中 Na_2O 和 Al_2O_3 的摩尔质量,g/mol。

1.3.1.3 铝酸钠溶液的硅量指数

铝酸钠溶液的硅量指数是指溶液中所含氧化铝与二氧化硅的质量的比值。通常以两者质量浓度的比值计算得出:

$$\text{硅量指数}=\frac{\rho(Al_2O_3)}{\rho(SiO_2)} \quad (1-3)$$

式中　$\rho(Al_2O_3)$,$\rho(SiO_2)$——分别为铝酸钠溶液中氧化铝和二氧化硅的质量浓度,g/L。

铝酸钠溶液的硅量指数表示铝酸钠溶液的纯度。硅量指数越高,则铝酸钠溶液中二氧化硅含量越低,纯度越高,析出的氢氧化铝杂质含量就会越少。反之,则相反。

1.3.2　$Na_2O-Al_2O_3-H_2O$ 三元系

纯的铝酸钠溶液可看做是 $Na_2O-Al_2O_3-H_2O$ 三元系。通过对 $Na_2O-Al_2O_3-H_2O$ 三元系平衡状态图的了解,就可以知道氧化铝在氢氧化钠溶液中的溶解度与溶液质量浓度和温度的关系,以及在不同条件下的平衡固相,从而得到生产技术参数。$Na_2O-Al_2O_3-H_2O$ 三元系平衡状态图是碱法生产氧化铝理论基础的重要部分。

为了应用方便,把在一定温度下的氧化铝溶解度与苛性碱的质量浓度的关系用直角坐标图来表示。纵坐标轴表示氧化铝的质量浓度,横坐标轴表示氧化钠的质量浓度。过 O 点的任一直线都为等 α_K 线(即在此线上的任一点溶液的 α_K 值都相等)。

1.3.2.1　30℃下的 $Na_2O-Al_2O_3-H_2O$ 三元系平衡状态图

图 1-1 所示为30℃下 $Na_2O-Al_2O_3-H_2O$ 三元系平衡状态图。

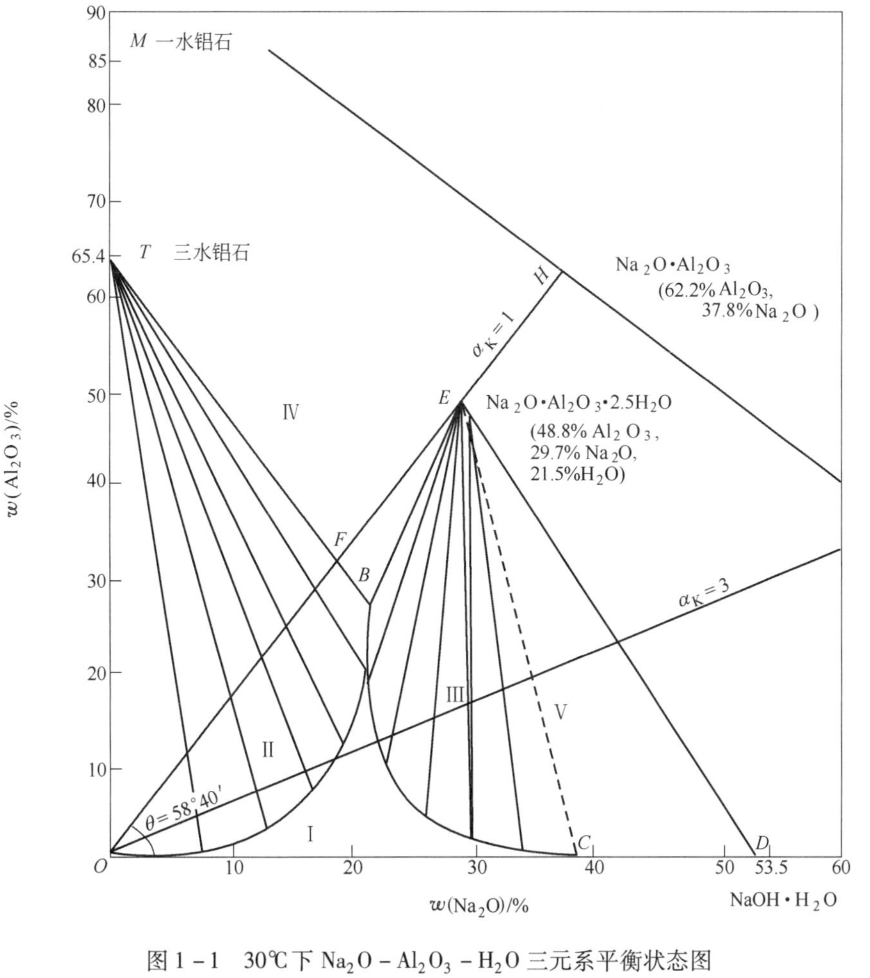

图 1-1　30℃下 $Na_2O-Al_2O_3-H_2O$ 三元系平衡状态图

A 30℃下 $Na_2O-Al_2O_3-H_2O$ 三元系平衡状态图中各点线的含义

B 点：溶液在此点会同时与三水铝石固相和含水铝酸钠固相保持平衡共存，是溶液对三水铝石和含水铝酸钠的饱和点。

C 点：为含水铝酸钠（$Na_2O \cdot Al_2O_3 \cdot 2.5H_2O$）和一水氢氧化钠（$NaOH \cdot H_2O$）同时与溶液保持平衡的点，是共饱和点。

D 点：为一水氢氧化钠（$NaOH \cdot H_2O$）的组成点，它的成分（质量分数）为 53.5% NaOH 和 46.5% H_2O。

E 点：为含水铝酸钠（$Na_2O \cdot Al_2O_3 \cdot 2.5H_2O$）的组成点，它的成分（质量分数）为 48.8% Al_2O_3、29.7% Na_2O 和 21.5% H_2O。

F 点：$\alpha_K=1$ 时，三水铝石溶解达到平衡。

H 点：为 $Na_2O \cdot Al_2O_3$ 的组成点，它的成分（质量分数）为 62.2% Al_2O_3 和 37.8% Na_2O。

T 点：为三水铝石的组成点，它的成分（质量分数）为 65.4% Al_2O_3 和 34.6% H_2O。

M 点：为一水铝石的组成点。

OB 线段：该线上溶液的平衡固相是三水铝石，它是三水铝石在 NaOH 溶液中的等温溶解度曲线。它表明随着溶液 NaOH 质量分数的增加，三水铝石在其中的溶解度越来越大。

BC 线段：该线上溶液的平衡固相是含水铝酸钠（$Na_2O \cdot Al_2O_3 \cdot 2.5H_2O$），它是含水铝酸钠在 NaOH 溶液中的等温溶解度曲线。它表明含水铝酸钠在 NaOH 溶液中的溶解度随溶液 NaOH 质量分数的增加而降低。

CD 线段：为一水氢氧化钠（$NaOH \cdot H_2O$）在铝酸钠溶液中的溶解度曲线。

图 1-1 中 *OBCD* 曲线是依次连接各个平衡溶液的组成点得出的，它也就是氧化铝在 30℃下的氢氧化钠溶液中的平衡溶解度等温线。

直线 *OEH* 是 $\alpha_K=1$ 的等 α_K 线。实践证明，苛性比等于 1 或小于 1 的铝酸钠溶液是不存在的，因此铝酸钠溶液的组成处于直线 *OE* 的下方。在 30℃下，*E* 点和 *D* 点都是固相存在的点。因此，在 *ED* 线上及其右上方是属于固体的区域，没有液相存在。所以铝酸钠溶液只能存在于 *OED* 区域内。因此，对氧化铝生产来说，对 *OED* 区域的分析才有意义。

B *OED* 区域分析

将 *OED* 区域分五个（Ⅰ、Ⅱ、Ⅲ、Ⅳ、Ⅴ）部分进行讨论：

（1）Ⅰ区（*OBCD* 区域）。在 *OBCD* 饱和等温线下方的区域为Ⅰ区，它是氢氧化铝和含水铝酸钠的未饱和区，它有溶解这两种物质的能力。当其溶解氢氧化铝时，溶液的组成将沿着原溶液点与 *T* 点的连线变化，直到连线与 *OB* 线的交点为止，即这时溶液已达到平衡浓度。原溶液组成点离 *OB* 线越远，其未饱和程度越大，能够溶解的氢氧化铝数量越多。当其溶解固体铝酸钠时，溶液的组成则沿着原溶液组成点与 *E* 点（如果是无水铝酸钠则是 *H* 点）的连线变化，直到连线与 *BC* 线的交点为止。

（2）Ⅱ区（*OBTO* 区域）。*OBTO*（Ⅱ区）内的溶液是氢氧化铝过饱和的铝酸钠溶液，可以分解析出三水铝石晶体。在分解过程中，溶液的组成沿原溶液组成点与 *T* 点的连线变化，直到与 *OB* 线的交点为止，这时溶液达到平衡浓度，不再析出三水铝石结晶。原溶液组成点离 *OB* 线越远，其过饱和程度越大，能够析出的三水铝石数量越多。

（3）Ⅲ区（*BCEB* 区域）。*BCEB*（Ⅲ区）内的溶液是含水铝酸钠过饱和的铝酸钠溶液，会析出偏铝酸钠结晶。在析出过程中，溶液的组成沿原溶液组成点与 *E* 点的连线变化，直到

与 BC 线的交点为止。

(4) Ⅳ区($BETB$ 区域)。$BETB$ 区域(Ⅳ区)内的溶液是三水铝石和含水铝酸钠同时过饱和的溶液,会同时析出三水铝石和含水铝酸钠。在析出过程中,溶液的组成沿原溶液组成点与 B 点的连线变化,直到 B 点。析出这两种物质的比例可由连线与 ET 线的相交点按杠杆原理得出。

(5) Ⅴ区($CDEC$ 区域)。$CDEC$ 区域(Ⅴ区)内的溶液是含水铝酸钠和一水氢氧化钠同时过饱和的溶液,会同时析出含水铝酸钠和一水氢氧化钠。在析出过程中,溶液的组成沿原溶液组成点与 C 点的连线变化,直到 C 点平衡为止。析出这两种物质的比例也可按杠杆原理得出。

从以上分析可知:氧化铝在氢氧化钠溶液中的溶解度随氢氧化钠质量分数的增加而增加,但是当氢氧化钠的质量分数达到某一限度(Na_2O 的质量分数为 21.95%)后,氧化铝的溶解度反而随着氢氧化钠质量分数的增加而下降,使氧化铝在氢氧化钠溶液中的溶解度曲线出现最高值。出现这种情况的原因是不同质量分数的溶液所对应的平衡固相不同。

在氧化铝生产中,铝酸钠溶液的组成总是位于状态图的Ⅰ、Ⅱ区内。

1.3.2.2　不同温度下的 $Na_2O-Al_2O_3-H_2O$ 三元系平衡状态图

通过上面的介绍可知 30℃下 $Na_2O-Al_2O_3-H_2O$ 三元系平衡状态图的特征。如果这些特征仅仅存在于 30℃的温度条件下,而在其他温度条件下不存在,那么,研究 $Na_2O-Al_2O_3-H_2O$ 三元系平衡状态图对生产就没有指导意义。所以,为了适应生产的需要,人们广泛研究了在 30℃、60℃、95℃、150℃、200℃等温度下的 Al_2O_3 在不同 Na_2O 质量分数的铝酸钠溶液中的饱和浓度,并绘出了上述各温度下的 $Na_2O-Al_2O_3-H_2O$ 三元系平衡状态图,如图 1-2 所示。

由图 1-2 可见,各个温度下溶解度等温线都包括两个线段,这两个线段的交点为该温

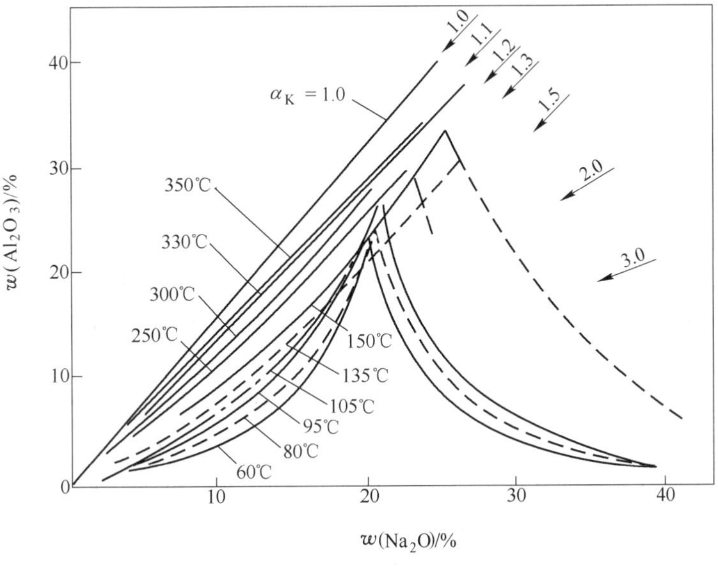

图 1-2　不同温度下的 $Na_2O-Al_2O_3-H_2O$ 三元系平衡状态图

度下溶解度的最大点。它说明在所有温度下，氧化铝的溶解度都是随溶液中苛性碱质量分数的增加而急剧增长，但当苛性碱质量分数超过某一限度后，氧化铝的溶解度反而随溶液中苛性碱质量分数的增加而急剧下降，这是由于与溶液平衡的固相成分发生改变的结果。图中溶解度等温线的左侧线段所对应的平衡固相为三水铝石（或一水铝石），而溶解度等温线的右侧线段所对应的平衡固相为含水铝酸钠（或无水铝酸钠、氢氧化钠等不同固相）。

另外，从图 1 - 2 中还可以看到，随温度的升高，氧化铝溶解度等温线的曲率逐渐减小，即越来越直，它的两个分支所构成的交角也逐渐增大，这样就使溶液的未饱和区越来越扩大，溶解度的最大点随温度升高向较高的 Na_2O 质量分数和 Al_2O_3 质量分数方向推移。温度降低则相反。所以温度提高，溶液的未饱和区扩大，有利于氧化铝溶解度的增加，使溶液能溶解更多的氧化铝；温度降低，溶液的过饱和区扩大，有利于氧化铝溶解度的降低，使溶液能分解析出更多的氧化铝。

拜耳法生产氧化铝就是根据 $Na_2O - Al_2O_3 - H_2O$ 三元系平衡状态图中氧化铝溶解度等温线的上述特点，利用浓苛性碱溶液在高温下溶出铝土矿中的氧化铝，然后再经冷却和稀释使氢氧化铝过饱和而结晶析出。

在氧化铝生产中，分解析出产物为三水铝石（$Al_2O_3 \cdot 3H_2O$），而从图 1 - 1 中看到溶解度等温线的左侧线段所对应的平衡固相除三水铝石外，还有一水铝石，这是因为随着温度的不同，溶液所对应的平衡固相发生了变化。溶解度等温线的左侧线段 *OB* 线所对应的平衡固相在 75℃下，*OB* 线的平衡固相为三水铝石；在 75 ~ 100℃，*OB* 线的平衡固相则变为三水铝石和一水铝石（低碱浓度为三水铝石，高碱浓度为一水铝石）；在 100℃上，*OB* 线的平衡固相为一水铝石，三水铝石消失；在 330℃上，一水铝石与刚玉共为平衡固相。

1.3.3 铝酸钠溶液的稳定性及其影响因素

铝酸钠溶液的稳定性是指从铝酸钠溶液制成到开始分解析出氢氧化铝所需时间的长短。作为氧化铝生产过程中的中间产物铝酸钠溶液，从制成到分解析出氢氧化铝要经过赤泥洗涤、沉降、脱硅、净化等多道工序，在此期间要保证铝酸钠溶液不能分解析出氢氧化铝，并且到分解工序时，又要使铝酸钠溶液容易析出。因此，讨论影响铝酸钠溶液稳定性的影响因素，可决定氧化铝生产中的主要技术参数的选择。具体影响为：

（1）铝酸钠溶液苛性比的影响。根据对铝酸钠溶液的理论分析及测定分析，常温下，当铝酸钠溶液的 α_K 值在 1 左右时，铝酸钠溶液极不稳定，不能存在；当铝酸钠溶液的 α_K 值在 1.4 ~ 1.8 之间时，在工业生产条件下，铝酸钠溶液能稳定存在于生产过程中，不会大量分解析出氢氧化铝；当铝酸钠溶液的 α_K 值大于 3 时，铝酸钠溶液极为稳定，不会析出氢氧化铝，并且还能继续溶解氧化铝。铝酸钠溶液在不同 α_K 值条件下的稳定状态决定了氧化铝生产中不同工序应采取的 α_K 值，所以 α_K 值是氧化铝生产中主要的生产技术指标。

（2）温度的影响。提高温度会使铝酸钠溶液过饱和状态降低，稳定性增强，不容易分解析出氢氧化铝；而降低温度会使铝酸钠溶液过饱和状态增加，稳定性降低，容易分解析出氢氧化铝。因此，在拜耳法生产氧化铝时，溶出的铝酸钠溶液在沉降、净化等工序要保持较高的温度；在晶种分解工序，则要采取热交换措施来降低温度，使铝酸钠溶液分解析出氢氧化铝。

（3）铝酸钠溶液浓度的影响。铝酸钠溶液浓度大小会对拜耳法生产氧化铝过程中的晶种分解工序产生影响。铝酸钠溶液的浓度过大，溶液的黏度增大，使晶体粒子的扩散受到阻碍,导致氢氧化铝晶体析出速度慢,溶液的稳定性增强,并且不容易长成大颗粒;而铝酸钠溶液的浓度过小,又使微小氢氧化铝晶粒之间的接触机会减少,同样使氢氧化铝晶体析出速度慢,溶液的稳定性增强,并且也不容易长大成大颗粒。为保证溶出后的铝酸钠溶液浓度适宜,工业上在溶出后设有一个稀释工序,它是用赤泥洗液对铝酸钠溶液的浓度进行调整,并回收低浓度的赤泥洗液。

(4)杂质的影响:

1)二氧化硅。在拜耳法生产氧化铝工艺的溶出过程中,铝土矿中的二氧化硅会生成含水铝硅酸钠($Na_2O \cdot Al_2O_3 \cdot 2SiO_2 \cdot nH_2O$)。该化合物在铝酸钠溶液中的溶解度很低,大部分会随着赤泥一起排掉,但有一小部分会溶解在铝酸钠溶液中。在铝酸钠溶液中溶解的二氧化硅是以铝硅酸根离子状态存在的,这种离子体积庞大,造成铝酸钠溶液的黏度增加,溶液的稳定性增加。烧结法生产氧化铝工艺中,熟料溶出后的铝酸钠溶液中二氧化硅的质量浓度达到5~6g/L,即便使该溶液的α_K值降到1.25,铝酸钠溶液也不会自发分解析出氢氧化铝,生产还能正常进行。

2)碳酸钠和有机物。氧化铝生产过程中,铝酸钠溶液并不与空气隔绝,空气中的二氧化碳会与铝酸钠溶液中的苛性碱发生反应生成碳酸钠。随着生产的循环,碳酸钠会在铝酸钠溶液中逐渐积累,导致溶液的黏度增加,铝酸钠溶液稳定性增强。

铝酸钠溶液中的有机物是由铝土矿带入的。有机物会附在晶核表面,导致其失去吸附能力,不再长大,使析出氢氧化铝晶体的速度减缓,铝酸钠溶液因此表现出稳定状态。

(5)添加晶种的影响。铝酸钠溶液自发生成晶核的过程非常困难。在生产过程中,为提高生产效率,就必须提高晶种分解速度,而添加氢氧化铝晶种是非常有效的办法之一。添加氢氧化铝晶种后,铝酸钠溶液的分解析出直接在晶种表面进行,而不需要长时间的晶核自发生成过程,所以铝酸钠溶液的分解析出速度提高,稳定性降低。

(6)搅拌的影响。对铝酸钠溶液进行搅拌加强了溶液中粒子的扩散过程,并且会使溶液的浓度均匀,有利于提高分解析出速度,溶液的稳定性降低。另外,当有晶种存在时,搅拌会使晶种悬浮于铝酸钠溶液中,晶种与周围溶液接触充分,也有利于晶种的吸附长大过程。所以,在晶种分解工序要对铝酸钠溶液进行搅拌。

1.4　拜耳法的原理和工艺流程

1.4.1　拜耳法的原理

拜耳法经过一百多年的发展,虽然在生产设备、自动化控制等方面有了巨大的进步,但是它的基本工艺原理并没有改变。

拜耳法的原理就是使反应式1-4在不同的条件下朝不同的方向交替进行:

$$Al_2O_3 \cdot xH_2O + NaOH + aq \underset{结晶}{\overset{溶出}{\rightleftharpoons}} NaAl(OH)_4 + aq \tag{1-4}$$

式中,当溶出一水铝石和三水铝石时,x分别等于1和3;当分解铝酸钠溶液时,x等于3。首先,在高温高压条件下以NaOH溶液溶出铝土矿,使其中的氧化铝水合物按反应式1-4向右进行得到铝酸钠溶液,铁、硅等杂质进入赤泥;而经过彻底分离赤泥后的铝酸钠溶液在添加晶种、不断搅拌和逐渐降温的条件下进行分解,使反应式1-4向左进行,析出氢氧化铝,并得到含大量氢氧化钠的母液;母液经过蒸发浓缩后再返回,用于溶出新的一批铝土矿;氢氧化铝经过焙烧脱水后得到产品氧化铝。

从拜耳法生产氧化铝的原理可以知道:在整个生产过程中,理论上 Na_2O_K 是不消耗的,是循环使用的物质。所以,生产上将 Na_2O_K 经历一次完整的溶出、稀释、晶种分解及分解母液的蒸发过程称为一次拜耳法循环。

1.4.2　拜耳法循环

图 1 – 3 所示为处理一水硬铝石型铝土矿的拜耳法循环图。通过对该图分析能够更清晰地理解拜耳法的生产原理。

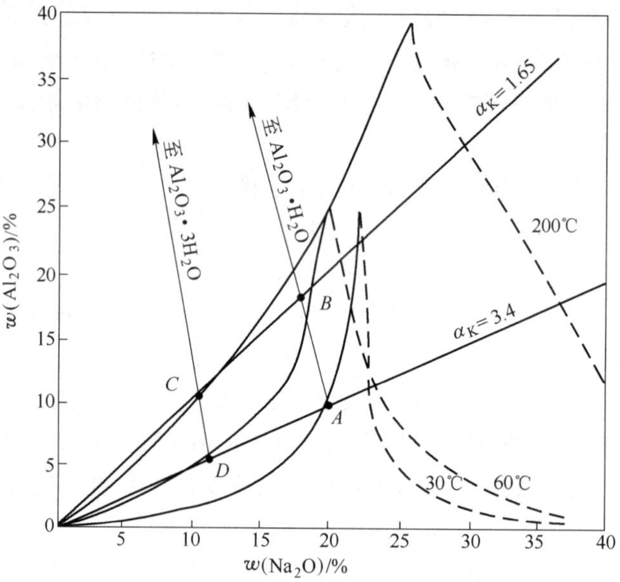

图 1 – 3　处理一水硬铝石型铝土矿的拜耳法循环图

用来溶出一水硬铝石型铝土矿的循环母液的成分相当于图中 *A* 点,位于 200℃ 等温线的下方,表明此时循环母液是未饱和的,具有溶解氧化铝水合物的能力。在生产条件下,溶出温度在 240℃ 以上,所以循环母液是远未饱和的,氧化铝能够迅速溶出。随着氧化铝的不断溶出,氧化铝质量分数随之升高,当不考虑苛性碱及氧化铝由于脱硅等化学反应引起的损失时,溶液的组成应沿着 *A* 点与 $Al_2O_3 \cdot H_2O$ 的组成点的连线变化,直到饱和为止。理论上,随着氧化铝的溶出,铝酸钠溶液的苛性比随之下降,溶出液的最终成分可以一直达到溶解度等温线上。但在实际生产中,如果要达到 240℃ 等温线上则需要很长的时间,这是不经济的。所以由于溶出时间的限制,溶出过程在距离等温线上平衡点很远的 *B* 点结束。连接 *A*、*B* 两点的线就被称为溶出线。

从压煮器中排出的压煮矿浆(溶出液)用赤泥洗液稀释,由于苛性碱和氧化铝的质量浓度同时降低,苛性比不变,所以稀释过程中溶液的组成由 *B* 点沿着等苛性比线变化到 *C* 点。稀释之后,温度下降到 100℃ 左右,溶液中的氧化铝质量分数由高温时的未饱和转为低温下的过饱和,并且温度越低,过饱和程度越大,由此可知,*C* 点溶液处于过饱和区域。连接 *B*、*C* 两点的线就被称为稀释线。

往分离赤泥后的溶液中加入氢氧化铝晶种时，铝酸钠溶液分解析出氢氧化铝，氧化铝质量分数降低，因而溶液的苛性比上升，溶液组成沿着 C 点与 $Al_2O_3 \cdot 3H_2O$ 的组成点的连线变化，如果溶液在分解过程中最后冷却到 30℃，那么分解后的溶液组成在理论上可达到连线与 30℃ 等温线的交点。但是由于溶液成分达到 D 点以后继续分解，则分解速度会很慢，析出的氢氧化铝很细且分离过滤困难，所以工业生产上一般分解到苛性比达到 3.5～4.0 为止。连接 C、D 两点的线就称为晶种分解线。

分离氢氧化铝后的母液经过蒸发，苛性碱和氧化铝质量分数同时提高，所以在理论上，蒸发过程中溶液的组成由 D 点沿着等苛性比线变化到 A 点。但在实际中，由于生产过程中有苛性碱的化学损失和机械损失，这部分损失的碱需要补充，补充新碱后的循环母液成分便回到 A 点。连接 D、A 两点的线就称为蒸发线。

将上述四根线连接起来，就构成了 ABCD 的封闭图形，即拜耳法循环图。它表示拜耳法生产中利用循环母液在高温下溶出铝土矿中的氧化铝，而后又在低温、低浓度、添加晶种的情况下析出氢氧化铝。而母液经过蒸发又浓缩到循环母液原来的成分，这样一个循环过程称为拜耳法循环。可以看到，组成为 A 点的溶液经过一次这样的循环作业，便可以从矿石中提取出一批氧化铝，而其成分不发生变化。

在生产实际中，由于存在氧化铝和苛性碱的损失、溶出时冷凝水的稀释、添加晶种所带入的高苛性比的母液等原因，生产过程与理想过程有差别，拜耳法循环图中的各条线段均会偏离图中所示的位置，对此要有所认识。

1.4.3 拜耳法的循环效率和循环碱量

循环效率是指 1t 苛性碱（Na_2O_K）在一次拜耳法循环中所产出的 Al_2O_3 量（t），用 E 表示，单位为 t/t。这个指标反映了苛性碱在循环中的利用程度。E 的数值越高，说明苛性碱的利用率越好。

假定在生产过程中不发生 Al_2O_3 和 Na_2O_K 的损失，$1m^3$ 循环母液中含苛性碱（Na_2O_K）的质量为 n（t），含 Al_2O_3 的质量为 a_1（t），苛性比值为 α_{K1}；溶出后溶液含 Al_2O_3 的质量为 a_2（t），苛性比值为 α_{K2}。那么，$1m^3$ 循环母液经过一次循环后产出 Al_2O_3 的质量 a（t）应为：

$$a = a_2 - a_1 = 1.645 \times \left(\frac{n}{\alpha_{K2}} - \frac{n}{\alpha_{K1}}\right) = 1.645 \times n\frac{\alpha_{K1} - \alpha_{K2}}{\alpha_{K1}\alpha_{K2}} \tag{1-5}$$

因为 $1m^3$ 循环母液含有苛性碱（Na_2O_K）n（t），所以循环效率 E 为：

$$E = \frac{a}{n} = 1.645 \times \frac{\alpha_{K1} - \alpha_{K2}}{\alpha_{K1}\alpha_{K2}} \tag{1-6}$$

循环碱量是指生产 1t 氧化铝时，在循环母液中所必须含有的苛性碱的质量（t）（不包括碱损失）。它是 E 的倒数，常用 N 表示，单位为 t/t。

$$N = \frac{1}{E} = 0.608 \times \frac{\alpha_{K1}\alpha_{K2}}{\alpha_{K1} - \alpha_{K2}} \tag{1-7}$$

由此可见，溶出时循环母液的 α_{K1} 越大，并且溶出液的 α_{K2} 越小，循环效率越高，而生产 1t Al_2O_3 所需要的循环碱量越小。

利用式 1－7 可以计算出生产 1t Al_2O_3 理论上应配的苛性碱的质量。

在实际生产时，由于存在苛性碱损失，生产 1t Al_2O_3 在循环母液中必须含有的苛性碱量应比理论值更大一些。

1.4.4　拜耳法的工艺流程

拜耳法的工艺流程如图1－4所示。

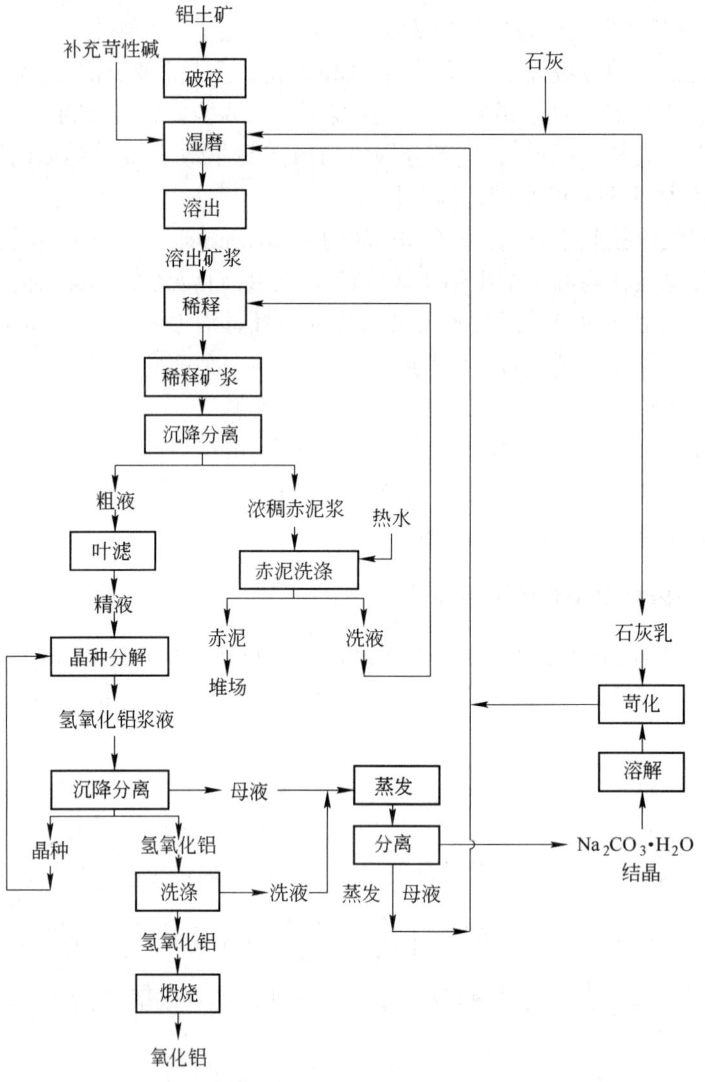

图1－4　拜耳法的工艺流程

其中的主要工序有破碎、湿磨、溶出、稀释、沉降分离赤泥、赤泥洗涤、晶种分解、煅烧、蒸发和苛化等。

破碎：通常分为粗碎、中碎、细碎三段。所用设备有颚式、圆锥式、辊式和冲击式破碎机。

湿磨：将铝土矿按配料要求配入石灰和循环母液并磨制成合格的原矿浆。所用设备是球磨机。

溶出：在高温、高压条件下使铝土矿中的氧化铝水合物从矿石中溶浸出来，制成铝酸钠溶液，而铁、硅等杂质则进入赤泥中。所用设备是高压溶出器。

稀释：溶出后的浆液用赤泥洗液加以稀释，以进一步脱出溶液中的硅，更重要的是为沉降分离赤泥和晶种分解创造必要的条件。所用设备是带有搅拌装置的稀释槽。

沉降分离赤泥：稀释后的溶出浆液送入沉降槽处理，以使铝酸钠溶液和赤泥分离开来。

赤泥洗涤：沉降分离出来的赤泥浆必须加水洗涤，以回收赤泥附液中的有用成分（碱和氧化铝）。洗涤次数越多，有用成分损失越少。洗涤次数一般为5～8次。所用洗涤设备为沉降槽。

晶种分解：将彻底分离了赤泥的铝酸钠溶液（精液）送入分解槽内，加入 $Al(OH)_3$ 晶种，不断搅拌并逐渐降低温度，使之发生分解反应析出 $Al(OH)_3$，并得到含有 NaOH 的母液。所用分解设备为有搅拌装置的种分槽。

煅烧：用煅烧设备在高温下将 $Al(OH)_3$ 的附着水和结晶水除掉，并使其发生晶型转变，以获得适合电解铝生产要求的氧化铝。所用煅烧设备为回转窑、循环流态化煅烧炉和沸腾闪速煅烧炉。

蒸发：种分母液需要在蒸发器中浓缩，以提高其碱浓度，保持生产循环体系中水量的平衡，使循环母液达到符合拜耳法溶出的要求。所用设备为蒸发器。

苛化：在蒸发时还有一定数量的 $Na_2CO_3 \cdot H_2O$ 从母液中结晶析出，将其分离出来用 $Ca(OH)_2$ 苛化成 NaOH 溶液，与蒸发母液一同送往湿磨配料。

1.5 碱－石灰烧结法的原理和工艺流程

1.5.1 碱－石灰烧结法的原理

拜耳法生产氧化铝时，铝土矿中的二氧化硅是以含水铝硅酸钠的形式与氧化铝分离的，如果铝硅比越低，则有用成分氧化铝和氧化钠就会损失越多，经济指标会大大恶化，所以，拜耳法生产氧化铝流程只适合处理铝硅比高于7的铝土矿，而碱－石灰烧结法则能处理铝硅比低的铝土矿。碱－石灰烧结法的原理是由碱、石灰和铝土矿组成的炉料经过烧结，使炉料中的氧化铝转变为易溶的铝酸钠，氧化铁转变为易水解的铁酸钠，二氧化硅转变为不溶的原硅酸钙。化学反应式为：

$$Al_2O_3 + Na_2CO_3 = Na_2O \cdot Al_2O_3 + CO_2$$

$$Fe_2O_3 + Na_2CO_3 = Na_2O \cdot Fe_2O_3 + CO_2$$

$$SiO_2 + 2CaO = 2CaO \cdot SiO_2$$

由铝酸钠、铁酸钠、原硅酸钙这三种化合物组成的熟料在用稀碱溶液溶出时，固相铝酸钠溶于溶液，化学反应式为：

$$Na_2O \cdot Al_2O_3 + aq = 2NaAl(OH)_4 + aq$$

铁酸钠水解为氢氧化钠和氧化铁水合物，化学反应式为：

$$Na_2O \cdot Fe_2O_3 + aq = 2NaOH + Fe_2O_3 \cdot H_2O \downarrow + aq$$

原硅酸钙不与溶液反应，全部转入赤泥，从而达到制备铝酸钠溶液并使有害杂质二氧化硅、氧化铁与有用成分氧化铝分离的目的。得到的铝酸钠溶液经净化处理后，通入二氧化碳气体进行碳酸化分解，得到晶体氢氧化铝，而碳分母液的主要成分是碳酸钠，可以循环返回再用来配料。碱－石灰烧结法可以处理铝硅比低的铝土矿，但如果铝硅比低于3，则会使物料流量增加，烧结和溶出过程困难，经济和技术指标大大恶化，所以目前碱－石灰烧结法处理铝土矿的铝硅比要大于3。

1.5.2　碱－石灰烧结法的工艺流程

我国的碱－石灰烧结法的工艺流程如图1－5所示。

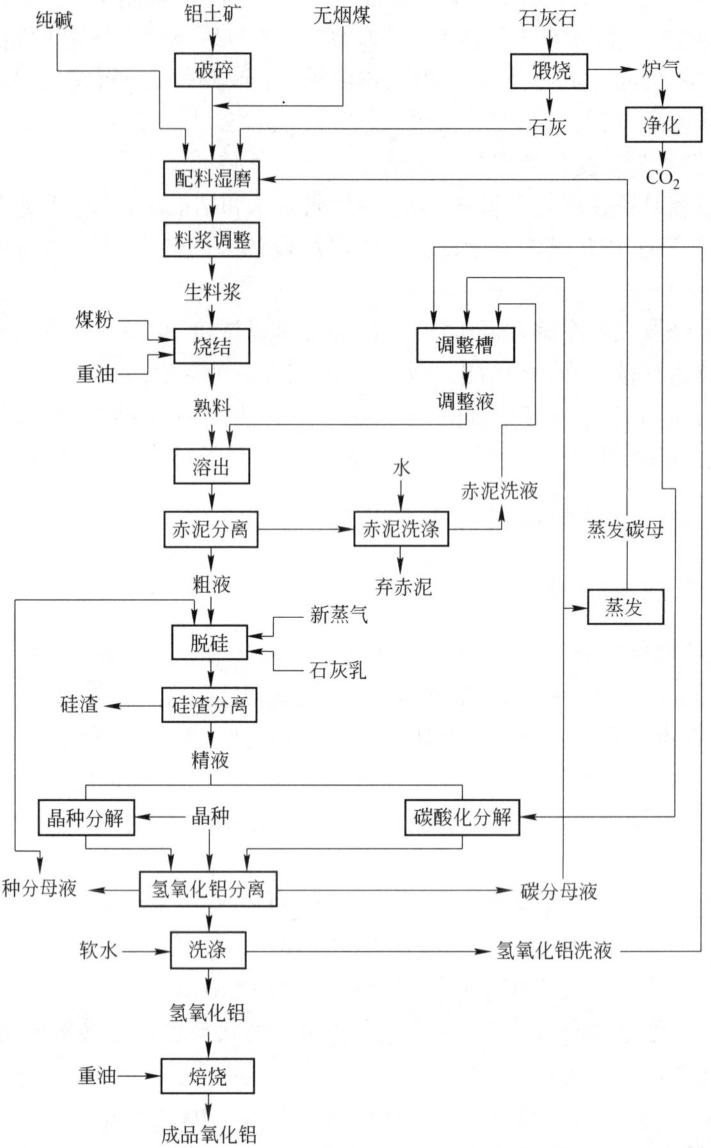

图1－5　碱－石灰烧结法的工艺流程

为保证熟料中生成预期的化合物，除铝矿石、石灰等固体物需在球磨机细磨，使生料浆达到一定细度外，还需控制各种物料的配入量，并对生料浆进行多次调配，以确保生料浆中各氧化物的配入比例和有适宜的水分含量。

烧结过程是在回转窑内进行的。调配好的生料浆用高压泥浆泵经料枪以高压打入窑内，在向窑前移动的过程中被窑内的热气流烘干，加热至反应温度，并在1200～1300℃的高温下完成烧结过程，得到化学成分和物理性能合格的熟料。

熟料经破碎后，用稀碱溶液在球磨机内进行粉碎湿磨溶出，使有用成分氧化钠和氧化铝转变为铝酸钠溶液，而原硅酸钙和氧化铁形成固相赤泥，经过沉降分离，得到铝酸钠溶液，从而达到有用成分与有害杂质分离的目的。分离后的赤泥需经过热水充分洗涤后才能排弃，目的是回收赤泥附液中的 Na_2O 和 Al_2O_3。

在熟料溶出时，由于原硅酸钙的二次反应使铝酸钠溶液的二氧化硅质量浓度过高（达到 4 ~ 6g/L），这种溶液（粗液）是不能进行碳酸化分解的，必须经过专门的脱硅工序进行脱硅，使二氧化硅的质量浓度降至 0.2g/L 以下。经过脱硅处理并叶滤所得到的溶液称为精液。而硅渣含有相当数量的 Na_2O 和 Al_2O_3 进行回收，要返回配料继续使用。

铝酸钠精液用烧结窑窑气或石灰炉炉气进行碳酸化分解，分解率一般控制在 85% ~ 90%。分解析出的氢氧化铝用软水充分洗涤后，送去煅烧。碳分母液经蒸发浓缩至一定浓度，返回配制生料浆。

我国碱 - 石灰烧结法工艺流程的特点是：

（1）用石灰代替石灰石配料，用高浓度的石灰炉炉气（CO_2 的体积分数为 38% ~ 40%）代替烧结窑气（CO_2 的体积分数为 10% ~ 12%）来进行碳酸化分解；

（2）采用生料加煤脱硫；

（3）粗液加石灰乳深度脱硅；

（4）铝酸钠溶液碳分、种分并联分解；

（5）熟料溶出采用低苛性比值、高碳酸钠浓度二段湿磨溶出；

（6）生料浆采用低碱、高钙配方。

1.6 联合法生产氧化铝

目前工业上氧化铝生产的方法主要是碱法，即拜耳法和烧结法，这两种方法各有其特点和适应范围。用拜耳法生产氧化铝流程简单，产品质量好，工艺能耗低，产品成本低，但该法需要铝硅比不低于 7 的优质铝土矿，要使用比较贵的烧碱（NaOH）。用烧结法生产氧化铝，可以处理铝硅比不低于 3 的高硅铝土矿，可利用较便宜的碳酸钠，但该法流程复杂，工艺能耗高，产品质量比拜耳法差，单位产品投资和成本较高。两者都有各自的局限性。为适合各种铝土矿，减少生产成本，利用拜耳法和烧结法各自的优点，生产上采用拜耳法和烧结法联合起来的流程能取得较单一方法更好的经济效果。联合法可分为三种流程：串联联合法、并联联合法和混联联合法。

1.6.1 串联联合法生产氧化铝

串联联合法生产氧化铝流程如图 1 - 6 所示。

串联联合法生产氧化铝适用于处理中等品位的铝土矿。此法是先以较简单的拜耳法处理矿石，提取其中大部分氧化铝，然后再用烧结法处理拜耳法赤泥，进一步提取其中的氧化铝和碱，将烧结后的熟料经过溶出、分离、脱硅等过程得到的铝酸钠溶液并入拜耳法系统，进行晶种分解，拜耳法系统的母液蒸发析出的一水碳酸钠送烧结法系统配制生料浆。

串联联合法的优点是：

（1）矿石中大部分的氧化铝是由投资和加工费较低的拜耳法处理，仅有少量是由烧结法处理，这样就减少了回转窑的数量和燃料消耗量，从而降低了氧化铝的成本；

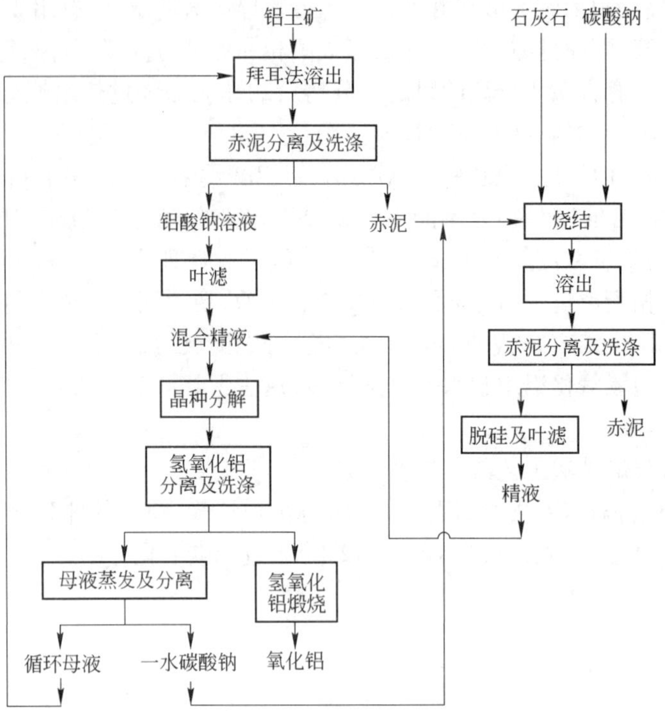

图 1－6　串联联合法生产氧化铝流程

(2)由于矿石经过拜耳法和烧结法两次处理,因此氧化铝的总回收率高,碱耗低;

(3)生产过程的补碱由烧结法系统的低价碳酸钠供应,减少了产品成本;

(4)种分母液蒸发时结晶析出的碳酸钠在烧结时被利用,并且还能使拜耳法流程中的有机物在烧结时得到烧除,降低了有机物对拜耳法生产氧化铝的危害。

串联联合法的缺点是:

(1)拜耳法赤泥炉料铝硅比低,它的烧结比较困难,所以烧结过程能否顺利进行以及熟料质量的好坏是串联法的关键;

(2)如果矿石中的氧化铁含量低时,还存在烧结法系统补碱不足的情况;

(3)生产流程比较复杂,拜耳法和烧结法两个系统的平衡和整个生产的均衡稳定比较难维持。拜耳法系统的生产受到烧结法系统的影响和制约,在拜耳法系统中,如果矿石品位和溶出条件等发生变化,就会使 Al_2O_3 溶出率和所产赤泥的数量与成分随之发生变化,又直接影响到烧结法的生产,两个系统互相影响和制约,给组织生产带来困难。

1.6.2　并联联合法生产氧化铝

并联联合法生产氧化铝流程如图 1－7 所示。

由图 1－7 可见,并联联合法包括拜耳法和烧结法两个平行的生产系统,以拜耳法处理高品位铝土矿,以烧结法处理低品位铝土矿。烧结后的烧结熟料进行溶出、液固分离以及铝酸钠溶液脱硅,脱硅后的铝酸钠溶液最后并入拜耳法系统,将拜耳法和烧结法两个系统的铝酸钠溶液进行晶种分解,然后分离和洗涤氢氧化铝,氢氧化铝经焙烧得到氧化铝。

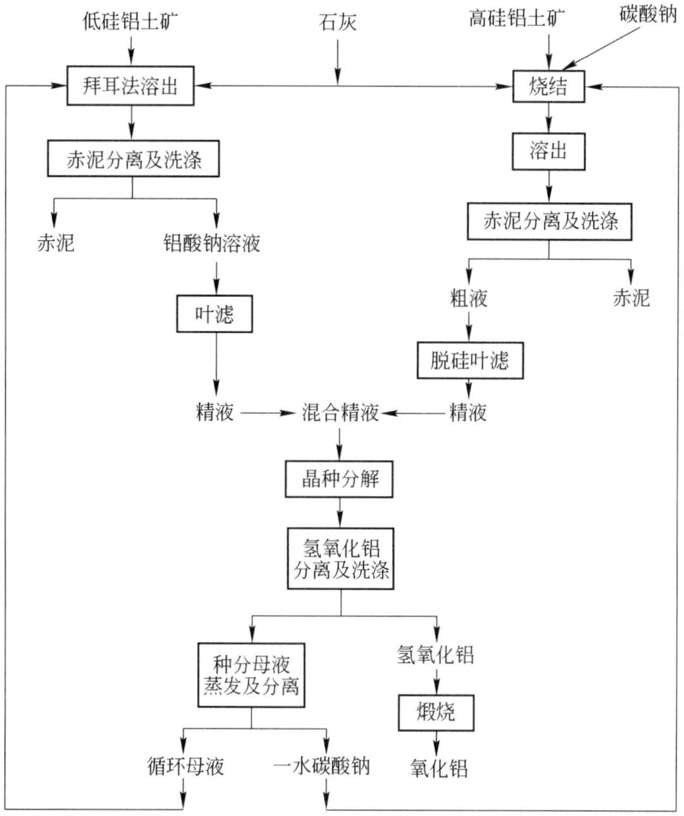

图 1-7 并联联合法生产氧化铝流程

并联联合法的优点是：

(1)可以合理利用国家铝矿资源，如果矿区铝土矿品位不均匀，或是不同地区有两种品位的铝土矿，用并联法处理这两类矿石可以得到较好的经济效益；

(2)种分母液蒸发时结晶析出的碳酸钠在烧结时被利用，并且还能使拜耳法流程中的有机物在烧结时得到烧除，降低了有机物对拜耳法生产氧化铝的危害；

(3)生产过程的补碱全部由烧结法系统的低价碳酸钠供应，减少了产品成本；

(4)烧结法系统中低苛性比值的铝酸钠溶液可降低拜耳法系统中铝酸钠溶液的苛性比值，有利于提高晶种分解的速度和分解率。

并联联合法的缺点是：

(1)用烧结法的铝酸钠溶液代替纯苛性碱来补偿拜耳法系统的碱损失，使得拜耳法各工序的循环碱量增加，从而对各工序的技术经济指标有所影响。

(2)工艺流程比较复杂。

(3)均衡生产困难。由于烧结法系统送到拜耳法系统的铝酸钠溶液量必须保证晶种分解后母液中剩余苛性碱应恰好等于拜耳法系统中所损失的碱量，因此，拜耳法系统的生产受到烧结法系统的影响和制约。烧结法系统如有波动就会影响到拜耳法系统的波动。

并联法中两个系统生产的氧化铝的比例为：烧结法系统生产的氧化铝的比例不超过总

产量的 10% ~15%。

1.6.3　混联联合法生产氧化铝

混联联合法生产氧化铝流程如图 1-8 所示。

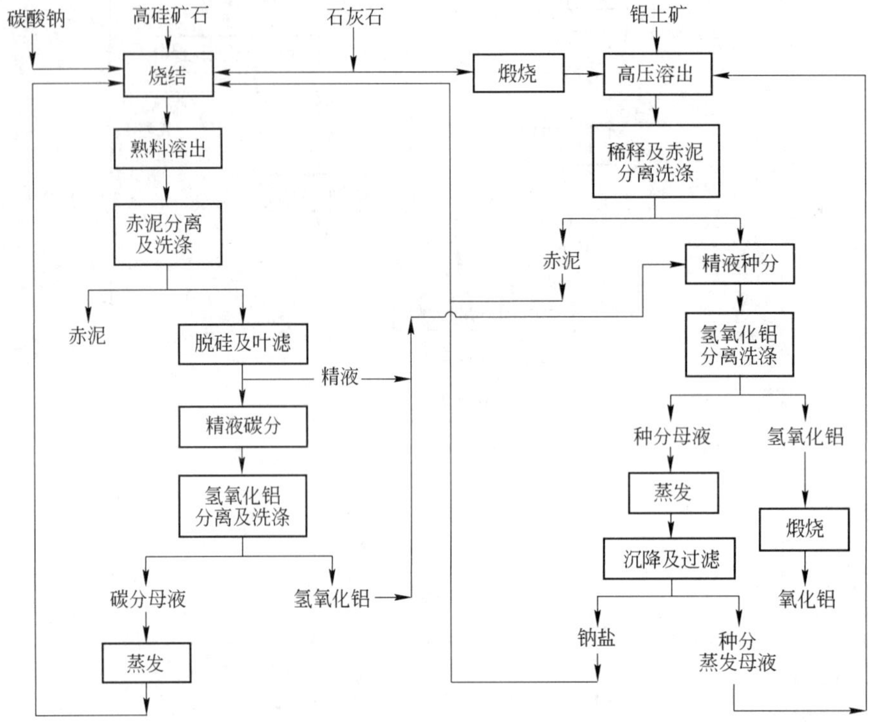

图 1-8　混联联合法生产氧化铝流程

串联联合法中，拜耳法赤泥铝硅比低，所配成的炉料较难烧结。解决这个问题的方法之一是在拜耳法赤泥中添加一部分低品位的矿石进行烧结。添加矿石的目的是提高熟料铝硅比，使炉料熔点提高，烧成温度范围变宽，从而改善了烧结过程。这种将拜耳法和同时处理拜耳法赤泥与低品位铝矿烧结法结合在一起的联合法称为混联联合法。

溶出的拜耳法赤泥经洗涤后送烧结法系统，同时添加一定量的低品位矿石，磨制成生料浆，进行烧结、溶出、分离和脱硅得到精液。除一部分精液去碳酸化分解外，其余的精液和拜耳法精液一起作晶种分解。所增加的碳酸化分解作为调节过剩苛性碱液的平衡措施，有利于生产过程的协调。

混联联合法的优点是：

（1）高品位铝土矿先用拜耳法处理，将大部分氧化铝回收后的赤泥再用烧结法处理，两次回收氧化铝和碱，所以此法的氧化铝总回收率高，碱耗低；

（2）烧结法除处理拜耳法赤泥外，另配加一定量的低品位矿石来提高生料浆的铝硅比，改善了烧结窑的操作条件，提高了熟料的质量；

（3）利用较便宜的碳酸钠加入烧结法系统来补偿生产过程的碱损失；

（4）由于大部分铝酸钠溶液是晶种分解，所以采用此法可获得较高质量的氧化铝。

混联联合法的缺点是：

(1)两个系统的协调复杂；

(2)由于两个系统都是完整的流程，所以整个生产流程复杂。

目前，我国由于铝土矿资源的特点为高硅低铁，矿石难以溶解，并且成分不均一，所以氧化铝生产企业大多采用混联联合法流程。

2 原矿浆的制备

2.1 原矿浆的制备工艺

原矿浆的制备是氧化铝生产中的第一道工序，也是最基础的一道工序。其主要任务是使铝土矿破碎和均化，为溶出系统磨制出合格的原矿浆。其制备步骤主要有铝土矿的破碎、配矿、磨矿、料浆制备等。本章主要介绍拜耳法原矿浆的制备。

2.1.1 拜耳法生产氧化铝的原料要求

拜耳法生产氧化铝的原料要求是：

(1)铝土矿中 Al_2O_3 的质量分数不小于 65%，铝硅比大于 7。

(2)烧碱中 NaOH 的质量分数不小于 30%，Na_2CO_3 的质量分数不大于 1.0%。

(3)石灰中 CaO 的质量分数不小于 85%。

2.1.2 原矿浆的制备流程

原矿浆是为满足高压溶出过程进行得到合格的铝酸钠溶液，往铝矿石中配入一定量的石灰和苛性碱液(循环母液 + 补充氢氧化钠)通过湿磨制成的料浆(其流程见图 2－1)。为使后续工序生产指标达到要求，要求原矿浆达到：

(1)参与化学反应的物料要有一定的细度；

(2)参与化学反应的物料之间要有一定的配比；

(3)参与化学反应的物料之间要混合均匀。

因此，原矿浆的制备要经过铝矿石破碎、配矿、入磨配料、湿磨等几道工序才能完成。

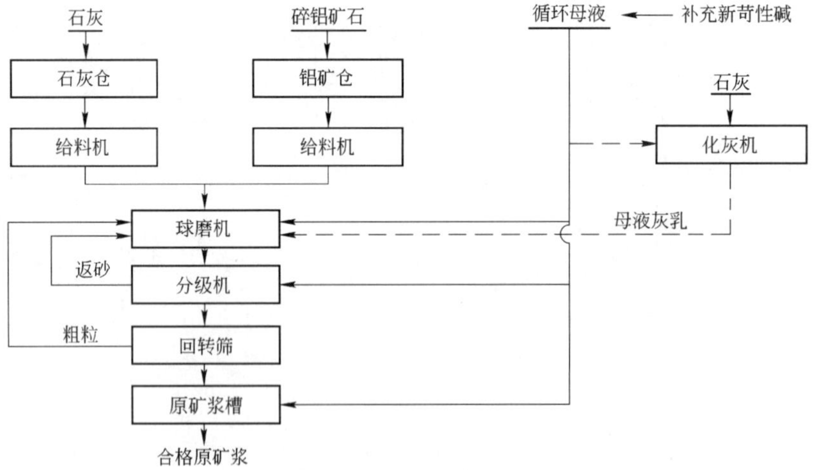

图 2－1 原矿浆的磨制流程

2.2 铝矿石的破碎

从矿山开采出来的矿石块度一般较大,通常都需要进行破碎,由于受破碎机破碎比的限制,要达到工艺对物料粒度的要求,就需要利用多台破碎机串联来完成破碎作业。为了提高二级破碎机的效率,往往将一级破碎后的物料进行筛分,筛下的为合格品,送往下一道工序;筛上的则进入二级破碎机后再送往下一道工序。这种经多级破碎、筛分以达到工艺所要求物料粒度的生产系统,称为破碎系统。从矿山开采出来的铝矿石要经过粗碎、中碎、细碎等三段破碎才能达到矿石入磨的粒度要求。粗碎在矿山进行,中碎和细碎则在冶炼厂内进行。破碎方法与破碎比的关系见表2-1。

表2-1 破碎方法与破碎比的关系

名 称	破碎比 i	破碎前块径 d/mm	破碎后块径 d/mm	设 备
粗 碎	3~4	1500~500	400~125	旋回式圆锥破碎机或颚式破碎机
中 碎	4~5	400~125	100~25	标准型圆锥破碎机、颚式破碎机和反击式破碎机
细 碎	5~7	100~25	25~5	短头型圆锥破碎机和反击式破碎机
磨 碎	≥50	25~5	<5	球磨机

2.2.1 颚式破碎机

依照结构和工作原理的不同,氧化铝生产所用的破碎机可以是颚式破碎机、锥式(旋回、圆锥)破碎机、锤式破碎机和反击式破碎机等。

2.2.1.1 *破碎机分类及工作原理*

颚式破碎机(又称为老虎口),适用于破碎硬的和中硬的物料,多作为粗碎或中碎设备。

物料加入到颚式破碎机破碎腔(由固定颚板和活动颚板组成的空间)中破碎。由于活动颚板做周期性往复摆动,当活动颚板靠近固定颚板时,物料受到挤压、劈裂和折断的作用而破碎。当活动颚板离开固定颚板时,已碎到粒径小于排矿口尺寸的物料,靠其自重从下部排矿口排出。位于破碎腔上还未完全破碎的物料,也随之下落到破碎腔下部,再次受到颚板的挤压、劈裂和折断的作用而继续破碎。图2-2所示为一大块物料在颚式破碎机中被破碎的过程。图2-2(a)所示为活动颚张到最大位置,即活动颚在离固定颚最远的位置,此时物料进入破碎腔。图2-2(b)所示为活动颚逐渐向固定颚靠近,物料受挤压产生裂缝而破碎。图2-2(c)所示为活动颚靠到离固定颚最近的位置,压裂了的物料被分成几个小块。图2-2(d)所示为活动颚又张到最大位置,被破碎了的物料由于自重而下落。粒径小于排矿口尺寸的物料从破碎腔中排出,粒径大于排矿口尺寸的物料落至破碎腔的下部,与新进入破碎腔的物料一起再次受到破碎。

颚式破碎机的种类很多,但通常使用的只有两种:

(1)简单摆动式颚式破碎机,如图2-3(a)所示;

(2)复杂摆动式颚式破碎机,如图2-3(b)所示。

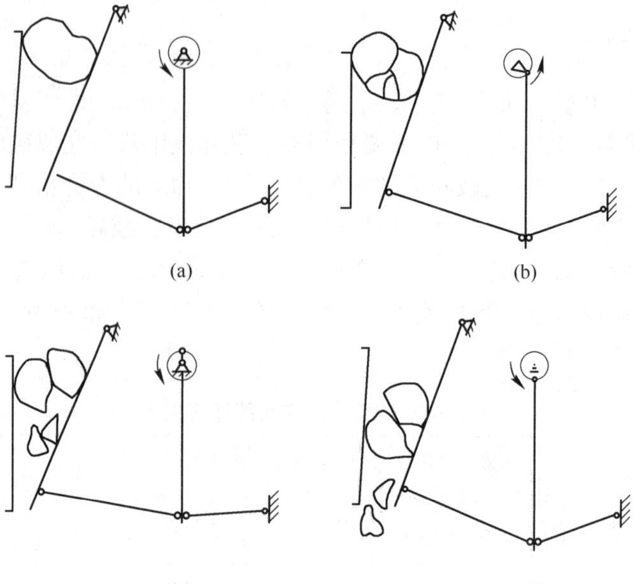

图2-2 物料在颚式破碎机中被破碎的过程

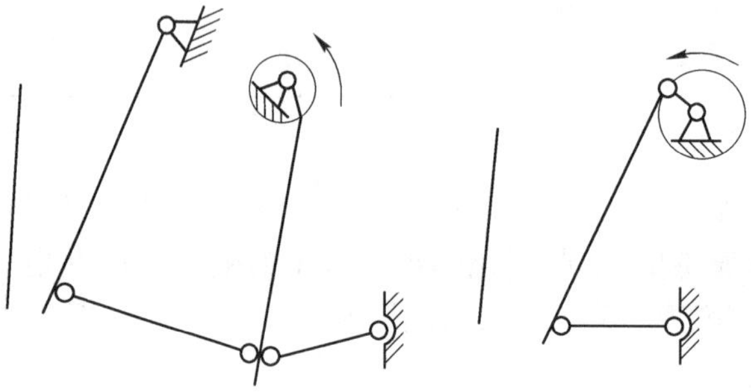

图2-3 颚式破碎机的主要类型

(a)简单摆动式颚式破碎机；(b)复杂摆动式颚式破碎机

A 简单摆动式颚式破碎机

图2-4所示为我国沈阳重型机器厂生产的PEJ1200mm×1500mm简单摆动式颚式破碎机的剖视图。由图2-4可知，机架1是颚式破碎机的骨架，所有其他零部件都安装在它的上面。带有衬板16的固定颚板装在机架1的前壁上。机架的上面装有两对互相平行的轴承。在第一对轴承中安装着轴3，带有衬板14的动颚2固定在该轴上，并利用轴3及其轴承悬挂在机架上，因此轴3称为动颚悬挂轴。在第二对轴承中装有偏心轴5和安放在轴上的连杆6。在偏心轴的两端分别安装着飞轮4或皮带轮。连杆的下端有凹槽13，肘板7的一端伸入到此槽内，前肘板的另一端支承在动颚下部的凹槽内，后肘板的另一端支承在与机器后壁9相连的特殊挡板8上的凹槽内。水平拉杆10的一端铰接在动颚下端的耳环上，它的另一端用弹簧12支持在机架后壁凸缘11上，由于拉杆和弹簧的作用，动颚下端经常向机架后壁方向拉紧，所以在动颚张开时肘板不会脱落下来。

偏心轴旋转一周，活动颚板前进和后退一次。动颚前进时，压碎矿石，称为工作行程；动颚后退时，不破碎矿石，而是将已破碎的矿石排出，称为空回行程。

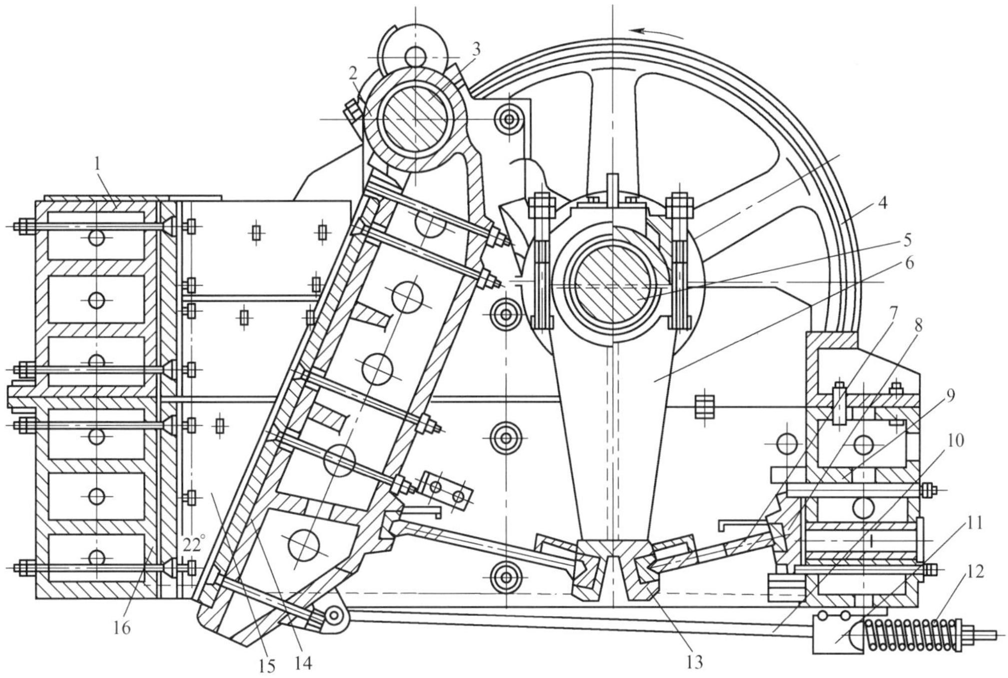

图 2-4　PEJ1200mm×1500mm 简单摆动式颚式破碎机的剖视图

1—机架;2—动颚;3—动颚悬挂轴;4—飞轮;5—偏心轴;6—连杆;7—肘板;8—挡板;9—后壁;10—拉杆;11—凸缘;12—弹簧;13—凹槽;14,16—衬板;15—侧壁衬板

用简单摆动式颚式破碎机来破碎硬的矿石较好。因为可动颚板上部的破碎力比下部的破碎力大,同时,颚板上的破碎力随着动颚与定颚的接近而增加,肘板形成的夹角越大,此力越大。在动颚上部的最大力首先使较大的矿块破碎,而下部较小块的矿石用较小的破碎力破碎。

简单摆动式颚式破碎机的主要优点是:构造简单,便于维护和修理,保护装置可靠。

简单摆动式颚式破碎机的缺点是:工作时发生振动,从而引起厂房振动,所以对厂房结构的要求较高;动力消耗较大;给矿不均匀时,容易被矿石堵塞;产品粒度不均匀等。

B　复杂摆动式颚式破碎机

复杂摆动式颚式破碎机的构造如图 2-5 所示。在我国,复杂摆动式颚式破碎机主要用于中碎,但在中小型厂中,它可作为第一段破碎。其给矿口宽不超过 600mm,排矿口宽度为 5~75mm,生产率为 0.4~180t/h。这种破碎机的动颚悬挂轴也是偏心轴,因此连杆也随之取消。从图 2-5 可以看出,动颚板 2 通过滚珠轴承 4 直接悬挂在偏心轴 3 上,偏心轴支承在机架 1 上的两个滚珠轴承中,排矿口的大小用楔铁 9 和 10 来调节,其肘板 8 也只有一块,衬板 5 和 6 分别装在动颚和定颚板上,其表面都是弧形的。其他零件与简单摆动式颚式破碎机相似。当偏心轴转动时,动颚上端做圆周运动,而下端则做椭圆运动,所以是复杂摆动的。它对矿石除有压力作用外,还有磨剥作用。因此其生产率较高,能量消耗少。但矿石过粉碎现象严重,衬板的磨损也较快。

2.2.1.2　颚式破碎机的操作实践

A　启动前的准备工作

启动前的准备工作包括:

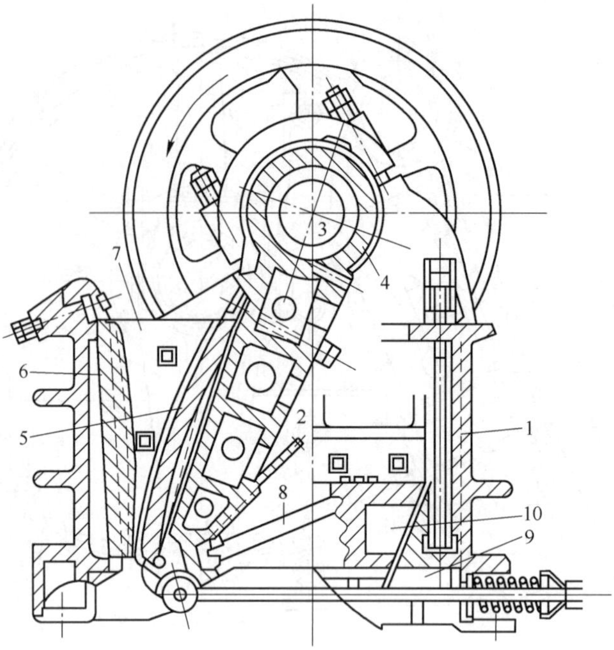

图 2－5　复杂摆动式颚式破碎机的构造

1—机架；2—动颚板；3—偏心轴；4—滚珠轴承；5，6—衬板；
7—侧壁衬板；8—肘板；9，10—楔铁

（1）认真检查破碎机的主要零部件是否完好，紧固螺栓等连接件是否松动，皮带轮外罩是否完整，传动件是否相碰或有障碍物等。

（2）检查辅助设备如给矿机、皮带运输机、电器设备和信号设备是否完好。

（3）检查破碎腔中有无物料。若破碎腔中有大块矿石或杂物，必须清理干净，以保证破碎机在空载下启动。

（4）有的破碎机的电动机启动能力小于破碎机的需要，可将飞轮用吊车转过一定角度，使连杆处于最有利于启动的位置，即偏心在偏心轴回转中心线的最上部。

（5）对大、中型颚式破碎机，在启动前应检查润滑油箱的油量，必要时补充润滑油。然后启动油泵，向破碎机各轴承润滑部供油，等回油管有回油（通常需要 5～10min）以及油压表指针在正常工作压力数值以后，才能启动破碎机。在冬季，若厂房内无取暖设备，则应先合上油预热器开关，使油预热到 15～20℃后再启动油泵。

（6）在偏心轴承等润滑部位通有冷却水装置的颚式破碎机应预先开启循环冷却水阀门。

（7）做好上述准备工作后，发出要开车的信号，取得下一工序同意后方能开车。

B　启动和操作中的注意事项

启动和操作中的注意事项包括：

（1）破碎机启动后，要经过一段时间才能达到正常回转速度。启动电机时应注意控制台上的电流表，通常经 30～40s 的启动高峰电流后，电流就降到正常工作电流值。在正常运转过程中，也要注意电流表的指示值，不允许电流值较长时间超过规定的额定电流值，否则容易发生烧毁电机的事故。

(2)破碎机正常运转后方可开动给矿设备向破碎机给矿。给矿时应根据矿块的大小和破碎机的工作情况,及时调整给矿量,保证给矿均匀,避免过载。破碎腔中的物料高度通常不应超过破碎腔高度的2/3。

(3)破碎机在运转中,要经常注意大矿块卡住给矿口现象。如卡住,要用铁钩翻动,使其排除。如矿石太多或堵塞破碎腔,应停止给矿,待矿块破碎完后再开给矿机。绝对禁止用手从破碎机破碎腔里取出矿块或整理矿石。如有大矿块需要取出时,应停车后用专门的器具取出。

(4)要严防电铲的铲牙、履带板、钻头、钢球等金属块进入破碎机,这些非破碎物会损坏破碎机。如有非破碎物进入破碎机又被通过时,应立即通知运输岗位的操作人员,防止非破碎物进入下道工序,以免造成事故。

(5)当电器设备自动跳闸后,若原因不明,严禁强行连续启动。

(6)破碎机在运转中,应经常检查各润滑点的润滑是否良好;并注意轴承的温度,特别是偏心轴承的温度不允许超过60℃;经常检查润滑油的油温,或采用用手摸轴承的办法检查温度升高的情况,如油温超出允许范围,或机器有不正常的声音,应立即停车检查,找出原因并采取相应的消除措施。

C 停车注意事项

停车注意事项包括:

(1)必须按生产流程顺序停车,即先停给矿机,待破碎腔中全部物料破碎完毕后再停破碎机和皮带运输机。应当注意,当破碎腔中还有物料时不得关闭破碎机电动机,以免再次启动时造成困难。

(2)必须在破碎机停稳后方可停止油泵供油。在冬季应放掉轴承的循环冷却水,以避免轴承被冻裂。

(3)停机后应检查机器各部分并做好清理卫生工作。

2.2.1.3 颚式破碎机检查和维护事项

颚式破碎机检查和维护事项包括:

(1)检查轴承发热情况,温度不得超过60℃(滚动轴承的温度不得超过70℃)。这是因为用于浇铸轴瓦的轴承合金在100℃以下才能正常工作,超过60℃时应立即停车检查,排除故障。检查方法是:若轴承上有温度计,则可直接读得温度值;若没有温度计可用手估测,即用手背放在瓦壳上,如果发烫放不住大约不超过5s,这时其温度就超过了60℃。

(2)检查润滑系统工作是否正常。听油泵工作声音、观察油压表压力、检查油箱的油量和漏油等情况。

(3)检查回油是否含有金属细末等污物,若有则应立即停车打开轴承等润滑部位检查。

(4)检查螺栓、飞轮键等连接件是否松动以及检查破碎衬板、传动部件的磨损情况。若排矿口由于衬板磨损而增大时,应及时调整排矿口的大小,使破碎产品符合所要求的粒度。排矿口大小的调整应按破碎机产品说明书上所规定的范围进行。

(5)定期清理润滑油过滤器,清理后要等完全晾干才能使用。

(6)定期更换油箱内的润滑油。

2.2.2　圆锥破碎机

圆锥破碎机因其破碎矿石的部分是由两个圆锥体组成，所以称为圆锥破碎机。旋回破碎机工作示意图如图2－6所示。由图2－6可知，可动锥2在机体1内，其中空间为破碎腔。物料从上部给入，由于偏心轴套4的作用，动锥的锥体周期地靠近与离开定锥的锥面。当动锥靠近定锥时，产生破碎作用；离开时，已破碎的物料从破碎腔中排出。圆锥破碎机的工作原理与颚式破碎机相似，可以看成是连续作用的颚式破碎机。此类破碎机对矿石的作用力除有压力作用外，还有弯曲力及磨削力，所以其破碎能力较强，且是连续作用，所以生产率也较高。圆锥破碎机按用途的不同，可以分为粗碎圆锥破碎机和中细碎圆锥破碎机。

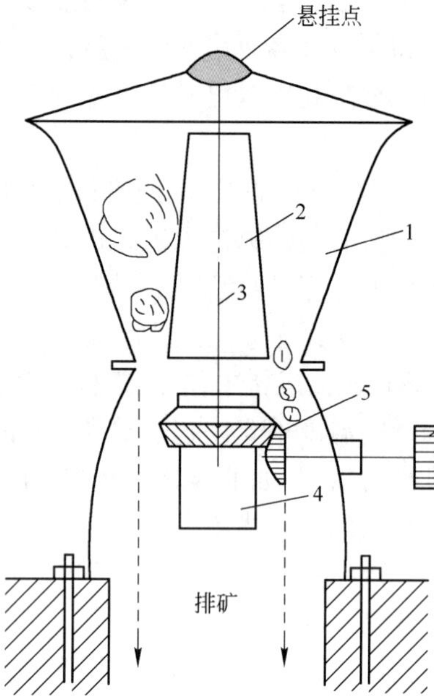

图2－6　旋回破碎机工作示意图
1—机体；2—可动锥；3—竖轴；4—偏心轴套；5—齿轮；6—皮带轮

2.2.2.1　粗碎圆锥破碎机

粗碎用的圆锥破碎机又称为旋回破碎机。目前应用最广的是悬轴式（旋回）圆锥破碎机，这种破碎机按其排矿方式不同，又有中心排矿式及侧面排矿式两种。而现在应用得最为广泛的是中心排矿式圆锥破碎机。其规格是用给矿口及排矿口的宽度来表示的，例如500/75型旋回破碎机的给矿口宽度为500mm，排矿口宽度为75mm。

A　旋回破碎机的结构

图2－7所示为国产的900/150型中心排矿式旋回破碎机，它由机架、偏心轴套、主轴和动锥、悬挂装置及传动机构等部分组成。

由图2－7可知，破碎机的机架由下部机架1、中部机架2和横梁3组成，并用螺栓彼此紧固。为了保证使三者的中心线对准和彼此连接得更加牢固，在它们的接合处采用锥形凹槽，并装上定位销钉。其两接合面间的间隙为15mm。下部机架安装在钢筋混凝土的基础上，在基础的排矿孔口敷一层钢板，以防从破碎机排下的矿石打坏基础。下部机架的侧螺帽上端装有锁紧板25，以防止螺帽退扣。

中部机架2内表面镶有三行用锰钢制成的平行衬板，每行衬板中有一块是长方形的，其余都为扇形。安装时，最后装长方形的一块，并用楔固定之。最下面的一行衬板支承在中部机架下端凸出的部分上，而上面一行则插在中部机架上端的凸边中。衬板安装完毕后，在中部机架和衬板之间注入锌。

主轴12通过开缝锥形螺帽21、锥形压套20、衬套17和支撑环19悬挂在横梁上，并用楔形键22防止开缝锥形螺帽21退扣。衬套17的锥形端支承在支撑环19上，而侧面则支承在锥形衬套18上。在破碎机运转时，由于衬套17的下端与锥形衬套18的内表面都是圆锥

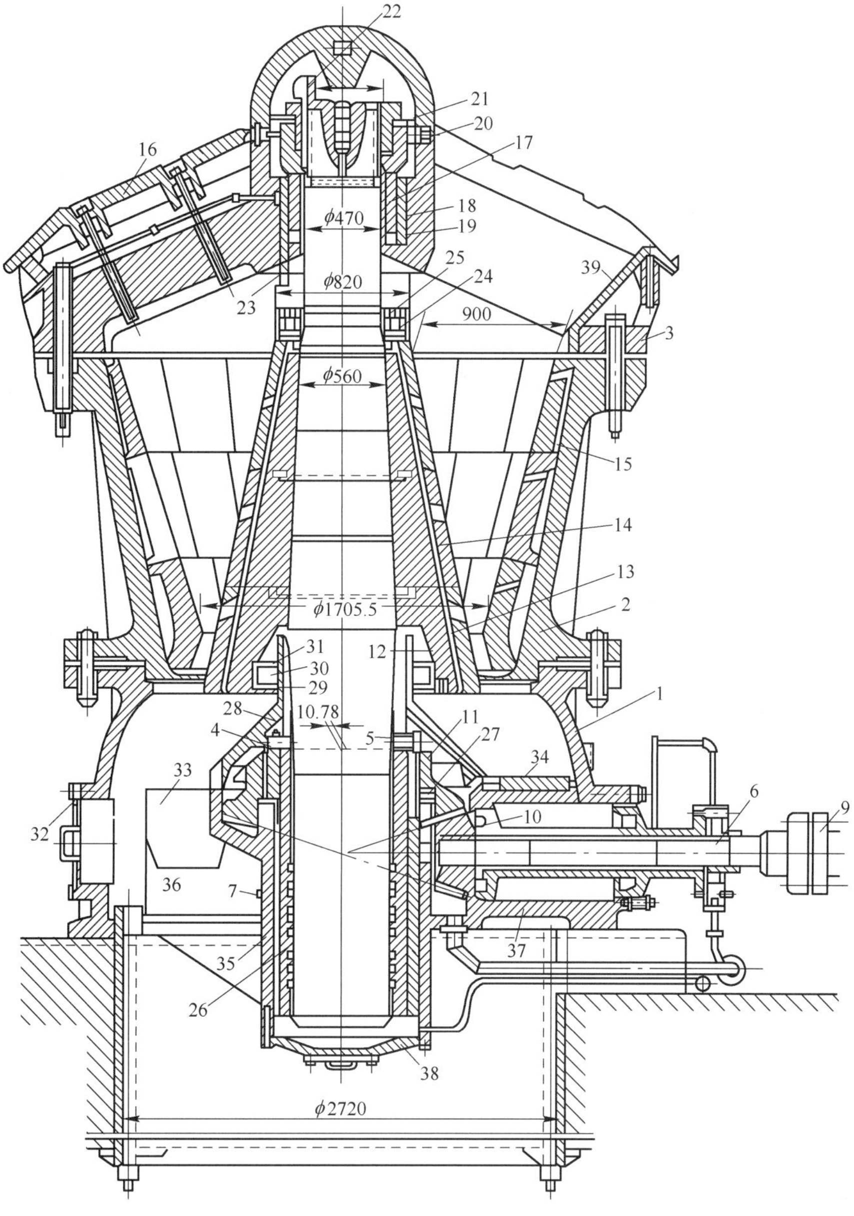

图 2-7 900/150 型中心排矿式旋回破碎机

1—下部机架；2—中部机架；3—横梁；4—偏心轴套；5—挡油环；6—传动轴；7—抓手；8—皮带轮（略）；9—联轴节；10—小伞齿轮；11—大伞齿轮；12—主轴；13—动锥体；14—衬板；15—定锥衬板；16—护板；17—衬套；18—锥形衬套；19—支撑环；20—锥形压套；21—开缝锥形螺帽；22—楔形键；23—顶丝；24—压紧螺帽；25—锁紧板；26—钢衬套；27—止推环；28—中心套筒盖；29～31—防尘密封装置（套环）；32—检修孔；33，34—保护板；35—中心套筒；36—肋；37—传动轴套筒；38—盖；39—横梁护板

面，所以能保证衬套 17 沿支撑环 19 和锥形衬套 18 滚动，从而满足了动锥旋摆运动的要求。

在修理及更换锥形衬套 18 和支撑环 19 时，为了能从横梁 3 的镗孔中取出它们，在横梁下面安装有一个顶丝 23，横梁 3 的上部还要覆盖护板 16 和横梁护板 39，以防给矿时被矿石冲坏和磨损。

为了防止灰尘和矿粉落入润滑油中，在动锥下端有由 3 个套环 29、30 和 31 构成的密封装置。套环 29 用螺钉固定在动锥下部，而套环 30 在中心套筒盖 28 的颈部上，设有毡圈，上部套环 31 自由地压在套环 30 上，因而灰尘不能穿过各套环之间的缝隙进入破碎机的润滑系统。

破碎机所需的润滑油用专门的油泵压入，油沿输油管从机架下盖 38 上的油孔进入偏心轴套的下部空隙处，由此分为两路，一路沿壁向上，在主轴与偏心轴套之间的间隙上升，至挡油环 5 处被阻挡而溢至伞齿轮处。另一路锌合金则沿偏心轴套与衬套之间的间隙上升，经止推环 27 也进入伞齿轮处，使伞齿轮润滑后，经排油管流出。破碎机的水平传动轴及轴承的润滑，有单独的进油与排油管。悬挂装置的润滑是采用干油润滑，定期用手压油枪压入干油。

在中心套筒 35 中，压合有钢衬套 26，在钢衬套中又有一层内表面铸满、外表面只浇铸 3/4 巴氏合金材质的偏心轴套 4，并在钢衬套 26 中旋转。偏心轴套 4 是与大伞齿轮 11 连在一起的。为了使巴氏合金铸牢，在偏心轴套 4 的内表面备有密布的燕尾槽。在中心套筒 35 与大伞齿轮之间，放有三片止推圆环。下面的圆环是钢质的，用销子固定在中心套筒 35 的上端。上面的圆环也是钢质的，用螺钉固定在大伞齿轮下面，中间的止推环 27 是青铜材质的，将以小于偏心轴套的转速转动，并沿上下圆环的两个平面滑动。上下两个圆环是为了使大伞齿轮和中心套筒不受磨损而设置的。

破碎机由电动机经三角皮带轮、弹性联轴节 9、传动轴 6、伞齿轮 10 和 11 带动偏心轴套 4 转动。悬挂在横梁上的主轴 12 的下端插入偏心轴套 4 的偏心镗孔中。当偏心轴套转动时，主轴 12 与压合在其上的动锥体 13 一起做旋摆运动，以主轴的中心线上的悬挂点为顶点旋扭成的圆锥面和定锥衬板 15 形成挤压作用，从而破碎矿石。破碎了的矿石直接落到运输带上或落入下部的矿仓中，再用给矿机给到运输机上运走。

动锥体 13 的外表面套有三环用锰钢材料制成的衬板 14，为了使衬板与锥体结合紧密，在两者之间注入锌，并在衬板上端用压紧螺帽 24 压紧。中心套筒 35 是由四根肋 36 及传动轴套筒 37 与下部机架连在一起。为了使肋 36 及转动轴套筒 37 不致被排下的矿石打坏，在其上敷设有保护板 33 和 34。

B 旋回破碎机的操作实践

a 旋回破碎机开车前的准备

旋回破碎机开车前的准备工作有：

(1) 认真检查旋回破碎机各部件是否完好、所有的连接件是否牢固、传动部件是否有障碍物等。

(2) 检查破碎腔内有无矿石或铁块等。如有矿石等杂物，应清除干净，以确保旋回破碎机在空载条件下启动。

(3) 检查辅助设备如给矿机、皮带运输机、电器设备和信号装置是否完好。

(4) 检查排矿口大小是否符合生产工艺的要求。

(5) 检查油箱中的油位和油温。冬季油温过低时，应用加热设备将油温加热到 20℃ 以上。

(6) 检查润滑设备、油泵电动机与破碎机电动机的连锁装置是否正常。

b 旋回破碎机的启动

做完上述各项检查并确认完好无误后，方能按启动程序启动旋回破碎机。具体是：

(1) 开动润滑系统油泵电动机，检查、调整供油压力，使供油压力控制在 0.1 ~ 0.3MPa 范围内。检查油流指示器、整个润滑系统工作是否正常。检查过滤冷却器中冷却水的压力是否比供应压力低 0.05MPa 左右,以免冷却水渗进润滑油内。在润滑油到达各润滑部位,回油正常以后,再按规定发出开车信号。

(2)对于液压旋回破碎机,在主机启动之前,应首先启动液压系统的油泵电动机,向油缸供油。当破碎圆锥上升到工作位置(排矿口大小符合要求)时,先关闭截止阀,后关闭油泵电动机。同时查蓄能器充气压力是否符合规定要求。

(3)启动主机。启动旋回破碎机电动机以后,首先观察电流表工作电流是否正常、主机及破碎机各部运转是否正常,同时对破碎圆锥悬挂装置及其他润滑部位加注润滑脂。待机器运转正常后,再开动给矿机给矿,使破碎机进行碎矿工作。

c 操作中的注意事项

操作中的注意事项是:

(1)要经常检查旋回破碎机的运转情况。注意传动部分及齿轮啮合的声音是否正常、机器破碎矿石的声音是否正常。如有不正常的声音和其他一切不正常的情况,应立即处理,特殊情况时应立即停车处理。

(2)给矿必须均匀,给矿粒度不得大于给矿口宽度的 0.8 倍。

(3)随时注意排矿和运输情况,防止矿石在排矿口附近堵塞,以免造成事故。

(4)经常检查油泵、冷却器和过滤器的工作是否正常。检查各润滑部位的油流指示器、油压和油温是否正常。回油温度应低于 60℃,经过冷却器以后油温应在 45~50℃以下。

(5)定期给破碎圆锥悬挂装置及皮带轮轴承加注润滑脂。

(6)加强给矿情况的检查,防止金属块、钎头等非破碎物进入破碎腔。

(7)定期检查横梁、中架体和机座之间的连接销钉是否松动,破碎衬板有无松动及严重磨损情况。发现问题时应及时处理。

d 旋回破碎机的停车

旋回破碎机停车必须按以下顺序操作:

(1)先停止给矿机给矿,破碎机继续运转,直到破碎腔中的全部矿石破碎完毕,才能停止破碎机。否则,会给下次启动带来很大的困难。

(2)停止破碎机运转。

(3)停止油泵和排矿运输设备运转。

2.2.2.2 中细碎圆锥破碎机

中细碎圆锥破碎机又称为圆磨,其工作原理与粗碎圆锥破碎机完全相同,但在构造上却有较大的差异。其不同之处主要有:

(1)粗碎圆锥破碎机的圆锥是急倾斜的,其倾角较大,动锥是正置的,而定锥则是倒置的;中细碎圆锥破碎机的圆锥是缓倾斜的,其倾角较小,它的两个锥体都是正置的。

(2)粗碎圆锥破碎机的动锥是通过主轴悬挂在横梁上;而中细碎圆锥破碎机的动锥下部则支承在球面轴承上。

(3)粗碎圆锥破碎机排矿口的调节是通过调节动锥实现的;而中细碎圆锥破碎机排矿口的调节是通过调节定锥实现的(但单缸液压的中细碎圆锥破碎机除外)。

中细碎圆锥破碎机可分为弹簧型圆锥破碎机及液压型圆锥破碎机两种。液压型圆锥破碎机有单缸及多缸两种。多缸液压圆锥破碎机由于油路比较复杂,而且工作没有单缸液压的可靠,因此在目前已经不再制造了,只有在已有这种设备的厂矿中才能见到。弹簧型圆锥破碎机和液压型圆锥破碎机,每种又可分为标准型、中间型及短头型三类。这三类形式破碎机的基本构造和工作原理完全相同,只是破碎腔的形状略有不同,如图 2-8 所示。

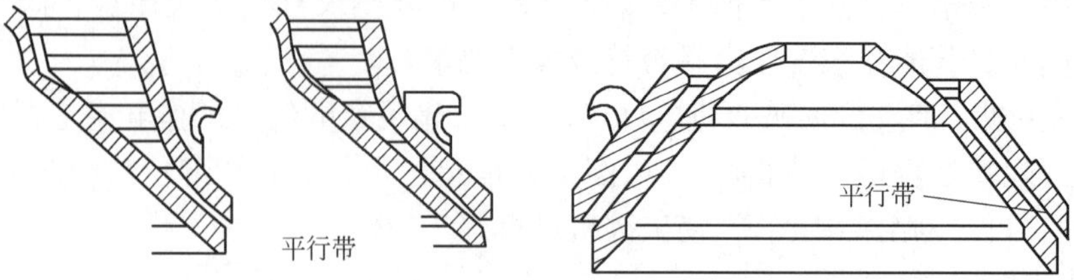

图 2-8　中细碎圆锥破碎机破碎腔的剖面图

中细碎圆锥破碎机由于其工作平稳、连续,生产率与破碎比都较大,功率消耗较少,而且有自动的均匀给矿装置,因此,目前正在被广泛地应用。但在处理黏性大、含泥高的潮湿矿石时,排矿口易被阻塞而影响正常工作。

A　弹簧型圆锥破碎机的结构

弹簧型圆锥破碎机的结构如图 2-9 和图 2-10 所示。图 2-9 所示为标准型圆锥破碎机,图 2-10 所示为短头型圆锥破碎机。

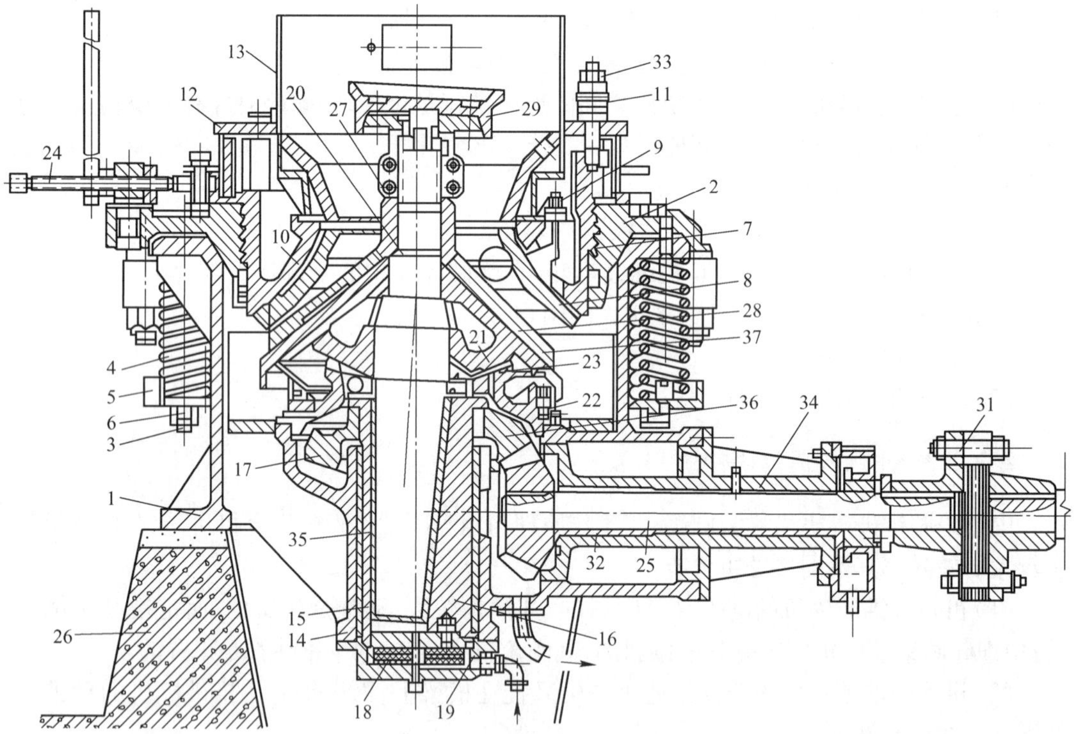

图 2-9　标准型圆锥破碎机

1—机架;2—支撑环;3—螺栓;4—弹簧;5—弧形垫圈;6—螺帽;7—固定锥;8—衬板;9—螺栓;10,28—锌;11—垫片;12—环形罩;13—给矿漏斗;14—中心套筒;15—青铜衬套;16—偏心轴套;17—大伞齿轮;18—止推圆盘轴承;19—底盖;20—主轴;21—可动锥体;22—球面轴承;23—青铜轴瓦;24—锁紧装置;25—传动轴;26—基础;27—螺帽;29—分配盘;30—电动机(略);31—联轴节;32—传动轴承;33—圆杆;34—传动套筒;35—青铜衬套;36—配重;37—衬板

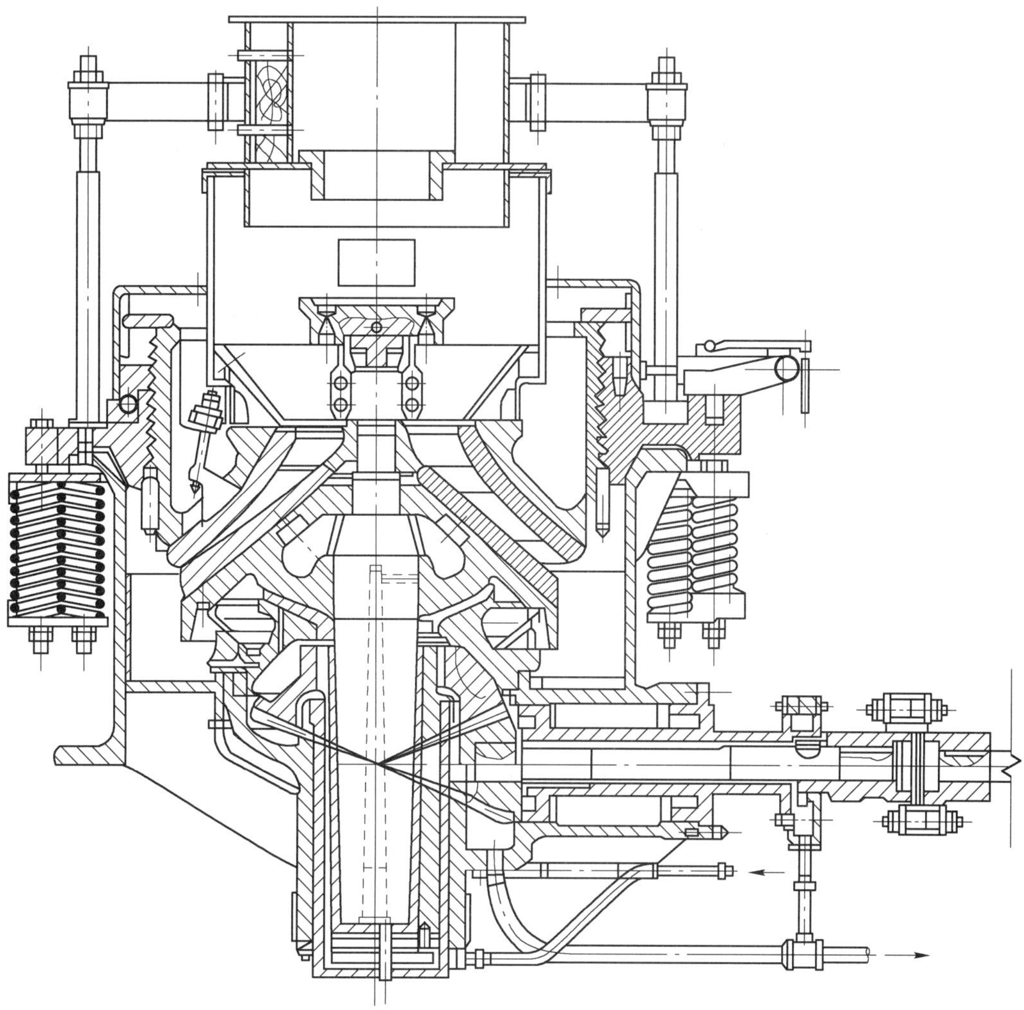

图 2-10 短头型圆锥破碎机

由图 2-9 可知,破碎机机架 1 的上部装有支撑环 2,支撑环与机架用螺栓 3 和弹簧 4 连接起来。螺栓的栓头在支撑环的法兰盘上,螺栓的下端穿过弧形垫圈 5 上的圆孔,然后用螺帽 6 扣紧。固定锥 7 的外表面具有螺纹,与支撑环内表面螺纹旋接在一起。旋转固定锥即可达到调整排矿口大小的目的。固定锥的内表面镶有锰钢制造的衬板 8。衬板上有钩子,它通过固定锥体上预留的孔洞挂在螺栓 9 上,使之固定。衬板与固定锥之间浇铸一层锌 10,以保证锥体与衬板结合紧密。螺栓 9 穿过的孔洞上面盖有环形罩 12,环形罩通过圆杆 33 与固定锥连在一起,并用楔铁压紧。给矿漏斗 13 就固定在环形罩上。

机架的下部有圆形中心套筒 14,它与机架用四根粗大的肋联结成为一个整体,在套筒内安放有可以更换的青铜衬套 15,两者紧密配合,成为偏心轴套 16 的轴承。偏心轴套 16 上固定着大伞齿轮 17。在偏心轴套的锥形镗孔中装有青铜衬套 35,破碎机的主轴 20 的下端就插在此衬套中。在大伞齿轮上装有配重 36,用来平衡偏心轴套旋转时所产生的惯性力。偏心轴套支承在止推圆盘轴承 18 上,它由几片相互滑动的圆盘组成,放在底盖 19 上的轴承座中,底盖用螺钉固定在套筒上。

可动锥体 21 固定在主轴 20 上，表面上镶有环状衬板 37，衬板用螺帽 27 压紧在锥体上，可动锥体与衬板之间铸有一层锌 28。

为了使给矿均匀，在主轴的顶部安装有分配盘 29。动锥的底部表面是经过精密加工的球面，支承在球面轴承 22 上的镶有可以更换的青铜轴瓦 23 上，当偏心轴套转动时，动锥下部的球面就在此轴瓦上滑动。球面轴承不仅承受着主轴和可动锥体的质量，同时还承受着破碎时的破碎垂直分力。

破碎机的传动是由电动机带动三角皮带轮或联轴节 31，使水平传动轴 25 转动（或直接由电动机带动），水平传动轴的另一端装有小伞齿轮，由小伞齿轮带动大伞齿轮，而大伞齿轮又是与偏心轴套相连的，所以偏心轴套也随之转动，从而使主轴和可动锥体做旋摆运动以破碎矿石。水平传动轴 25 和传动轴承 32 都装在传动套筒 34 中，套筒用螺钉固定在机架上。

B 中细碎圆锥破碎机的操作实践

a 中细碎圆锥破碎机开车前的准备

中细碎圆锥破碎机开车前的准备工作有：

（1）检查破碎腔内有无矿石或铁块等。圆锥破碎机不允许带负载（即破碎腔内有矿石等物）启动。带负载启动会造成电气跳闸或机器零部件损坏，因此开车前应检查破碎腔，如有矿石或铁块，需清除后才能启动。

（2）检查排矿口宽度。为了保证产品粒度合格，应在开车前检查排矿口大小是否符合要求，特别是新安装或检修后第一次使用时，必须进行检查。

（3）检查各种电气连锁装置和信号装置是否完好。

（4）检查油箱中的油位和油温，油温低于 20℃时不应开车。

（5）检查锁紧油缸的油压，调整环在锁紧状态下方可启动（齿板固定的应检查齿板及调整环上的固定螺栓是否牢固）。

b 中细碎圆锥破碎机的启动

做完上述各项检查并确信不会发生故障后，方可按程序启动破碎机。具体是：

（1）开动油泵并检查油压，油压应在 0.05～1.2MPa 范围内。冷却水的压力应比油压低 0.025～0.05MPa，以免水渗进润滑油中。

（2）油泵运转 3～5min 一切正常时，则可按规定发出开车信号，然后启动破碎机。破碎机空转 1～2min 后，确信一切正常即可给矿生产。

c 中细碎圆锥破碎机的运转

给矿以后，中细碎圆锥破碎机在有载运转中，操作人员需遵守和注意下列事项，正确地进行操作：

（1）给矿必须均匀，粒度应符合要求。

（2）随时注意排矿和运输情况，以免堵塞引起事故。

（3）经常检查油泵、冷却器、过滤器工作是否正常，回油温度不应超过 60℃。

（4）经常检查水封防尘的排水，如果没有水则不能运转。如果水中有油，是因为球面轴承座上的回油环槽或回油孔堵塞。

（5）经常检查锁紧缸的油压，调整环必须在锁紧状态下方可运转。

（6）注意电动机工作电流是否正常。

(7)注意传动部分及齿轮的啮合声音和破碎机的运转声音是否正常。

(8)定期检查衬板磨损情况,特别注意调整环上的衬板固定螺栓。如果松了,会引起衬板松动。新换的衬板在工作24h以后,应停车紧固一次。

d 中细碎圆锥破碎机的停车

中细碎圆锥破碎机停车必须按以下顺序操作:

(1)先停止给矿机给矿,破碎机继续运转,直到破碎腔中的全部矿石破碎完毕,才能停止破碎机。否则,会给下次启动带来很大的困难。

(2)停止破碎机运转。

(3)停止油泵和排矿运输设备运转。

(4)室温低于0℃时,停车以后应将水封中的存水放净,以免结冰冻结。

2.2.3 旋回破碎机与颚式破碎机的比较

旋回破碎机和大型颚式破碎机都可作为粗碎设备,因此在选择和使用时,应该对这两种破碎机的性能有一定的了解和比较,才能正确地使用和选择。

旋回破碎机与颚式破碎机相比,旋回破碎机具有如下优点:

(1)工作平稳,振动较轻,对基础及建筑物的影响较小。

(2)对矿石具有压碎和折断作用,由于矿石的抗压强度要比抗弯强度大5~15倍,因此破碎1t矿石,旋回破碎机的能量消耗相当于给矿口相同的颚式破碎机的0.5~1.2倍。

(3)由于旋回破碎机是连续破碎矿石,所以其生产率较高,比给矿口相同的颚式破碎机生产率高1倍以上。

(4)可以在任何方向挤满给矿,大型旋回破碎机还可以直接用翻斗车给矿。

(5)启动容易,而大型颚式破碎机启动时需要用辅助工具先转动沉重的飞轮,或用分段的启动方法来启动。

(6)具有较大的破碎比,而且产品粒度也比较均匀。

旋回破碎机与颚式破碎机相比,旋回破碎机也存在如下的缺点:

(1)构造复杂,制造较困难,价格较高,一般要比给矿口相同的颚式破碎机高3~5倍。

(2)机器的质量大,机身高,比给矿口相同的颚式破碎机质量大1.7~2倍,高2~2.5倍,因此厂旁的建筑费用也增高了。

(3)安装和维护较复杂,检修也较麻烦。

(4)较易阻塞,尤其是处理含泥较多及黏性较大的矿石时。

2.2.4 其他破碎机

2.2.4.1 反击式破碎机

反击式破碎机是高效率破碎机,可供选矿、化学、水泥、耐火材料和建材等工业部门用于中碎和细碎各种物料,如粉碎石灰石及其他中等硬度的矿石等。由于它具有破碎比大、进料粒度大、产量高等优点,已大量应用于破碎作业并代替颚式破碎机和锥式破碎机,或利用反击式破碎机一级破碎代替其他的破碎机二级破碎流程。

A 反击式破碎机的工作原理

反击式破碎机工作原理示意图如图2-11所示。反击式破碎机的工作部件为带有板锤

2 的高速旋转的转子 1,放入机内的料块在转子回转范围(锤击区)内受到板锤冲击。物料是经导板 4 进入锤击区的,料块被板锤冲击后抛起,高速地撞在反击板 3 上,再次受到冲击,然后又从反击板弹回板锤,上述过程继续重复。在往返过程中,物料还互相碰撞,在冲击、反弹、相互碰撞等作用下,物料料块不断产生裂缝、松散,最后破碎,破碎的物料从机体下部卸出。

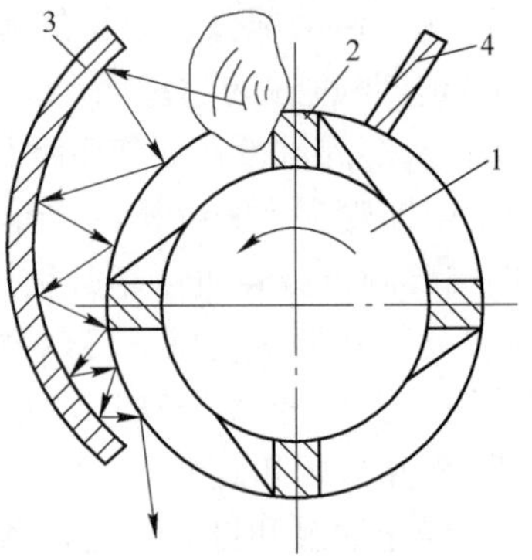

图 2－11　反击式破碎机工作原理示意图
1—转子;2—板锤;3—反击板;4—导板

根据上述工作原理的介绍,可知反击式破碎机的破碎作用有以下三点:

(1)自由破碎。进入破碎腔内的物料立即受到板锤的冲击,物料之间也相互撞击,板锤和物料、物料和物料之间有摩擦作用,这些作用使物料破碎。

(2)反弹破碎。被破碎的物料实际上不是无限制分散的,而且集中在机体内,高速板锤冲击使物料得到很高的运动速度,然后撞击到反击板上,物料由此得到进一步的破碎。这种破碎作用称为反弹作用。

(3)铣削作用。经上述两种破碎作用还未破碎的大于排料口尺寸的物料,在出料处被高速旋转的板锤头铣削而破碎。

反击式破碎机可分单转子、双转子两大类。

B　反击式破碎机的结构

单转子反击式破碎机结构如图 2－12 所示。由图 2－12 可知,物料由进料口 7 下到破碎机体 6 内。为了防止破碎后的料块从进料口飞出,在进料口处装有一排链条 8。给入的料块落到箅条筛9 上。细小的碎块经筛下直接送排料口 12,大块的物料顺箅条落到转子 1 上。

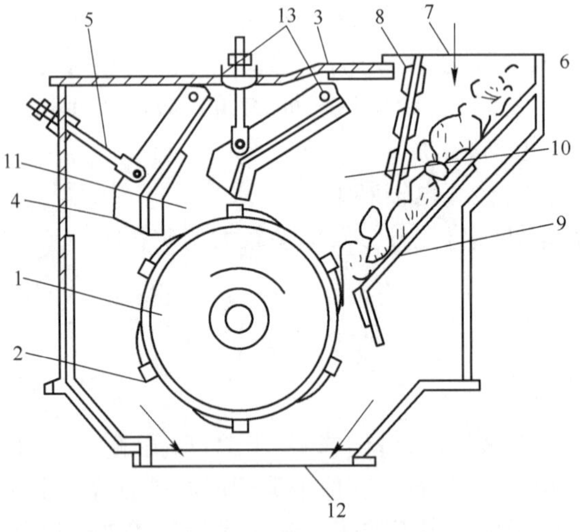

图 2－12　单转子反击式破碎机结构
1—转子;2—板锤;3,4—反击板;5—悬挂螺栓;6—破碎机体;7—进料口;
8—链条;9—箅条筛;10,11—冲击区;12—排料口;13—活铰接

转子轴上面装有凸起一定高度的板锤2。板锤根据转子直径大小有4～6排。转子由电动机经过联轴器和轴带动转子转动。料块就在高速旋转的板锤和反击板3之间来回碰撞破碎,在箅条筛、转子1、第一反击板3及进料口链条所组成的空间内形成强烈的冲击区10,物料破碎后又落到反击板3和反击板4以及转子1所组成的第二冲击区11内,进一步受到冲击粉碎。破碎后物料经转子下方的排料口12排出。

反击板的一端为活铰接13,反击板通过活铰接悬挂在机壳上,另一端用悬挂螺栓5,它将反击板的位置固定。当有大块物料或难碎物料夹在反击板和转子之间时,反击板受到较大压力就向后移开,使夹住物料可通过,避免转子损坏。物料通过后,反击板由于自重会复位。

增加破碎腔数目(即增加反击板数量以增加间隔)可以强化选择性破碎,增大物料的破碎比。因此,增加破碎腔后就可采取较低的转子回转速度,过大粒度的产品可以减少,板锤磨耗可以降低。采用3个反击板构成3个破碎腔结构,它能耗低,生产能力高,可将400mm的大块物料一次破碎到0～35mm,生产能力为30～240t/h。

双转子反击式破碎机机体内装有两个平行排列的转子,两个转子有一定的高度差。第一级转子的位置较高。第一个转子的中心线与第二级转子的中心线连线的水平夹角约为12°。第一级转子为重型转子,用于粗碎;第二级转子的转速较快,能满足最终产品的要求。第一级、第二级转子都用螺栓固装着12块板锤且分布成6排。板锤用高锰钢铸造。转子固装在主轴上,两端用滚动轴承支承在下机体上。两个转子分别由两台电动机连接液力联轴器,经三角皮带传动,做同方向高速回转。采用液力联轴器既可降低启动负荷,减小电动机容量,又可起到保护作用。

第一反击板和第二反击板还有分腔反击板都是一端铰接,而另一端有调节螺栓。板锤等零件磨损后造成间隙加大,或由于产品粒度的要求需调整间隙时,都是通过调整调节螺栓来调整反击板和板锤的间隙的。为了充分利用物料排出时的动能,消除个别大块物料的排出,确保产品粒度的质量指标,在第二级转子卸料端有均整箅板和固定反击板。所有箅板和反击板都用高锰钢制造。

C　反击式破碎机的使用和保养

反击式破碎机工作时振动强烈,所以要经常检查地脚螺栓的紧固情况。要经常测量转子轴两端的滚动轴承温度,滚动轴承温升不得超过70℃。板锤磨损后可以反装使用,要更换时,每排板锤质量必须称量,误差为±0.25kg。

破碎机启动要注意遵守操作规程。液力联轴器内的油量要按技术文件的要求加入,加入后要通过试车来确定是否恰当。反击式破碎机要等转子启动运转正常后才能给料破碎。

反击式破碎机工作时粉尘很大,要随时检查收尘效果。开车前打开破碎机检查门,检查板锤螺栓、衬板螺栓是否齐全和牢固,检查反击板有无裂纹,排矿口要求无积料。

开车时要求两级转子分别启动,不得同时启动,防止跳闸。开车后要注意反击板吊挂螺栓及横轴是否断裂或脱落。开车4h后停车,详细检查所有板锤螺栓是否松动、脱落,反击板有无断裂,转子有无裂纹。如发现问题应及时处理。

反击式破碎机无负荷试车时要求转子运转平稳,机身振动振幅不应超过0.2mm,无负荷试车8h,连续运转时间8～24h。主电机必须在破碎机内物料全部排出后方可停止运转。

2.2.4.2　锤式破碎机

A　锤式破碎机的结构

锤式破碎机主要由机壳 1、转子 2、箅条 3 和打击板 4 等部件组成，如图 2－13 所示。机壳分上下两部分，是钢板焊接件，机壳内壁镶有高锰钢衬板，衬板磨损后可以更换。

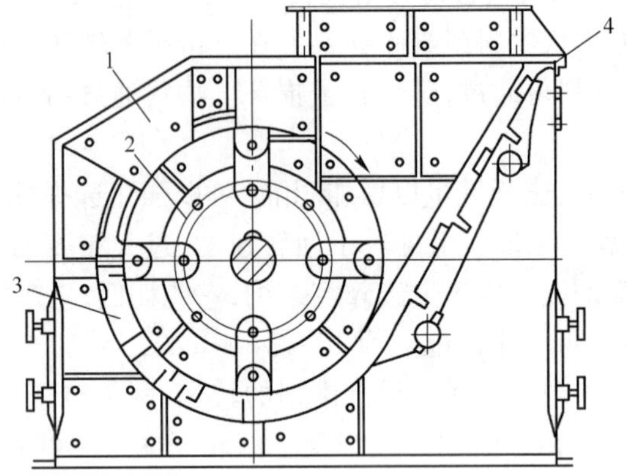

(a)

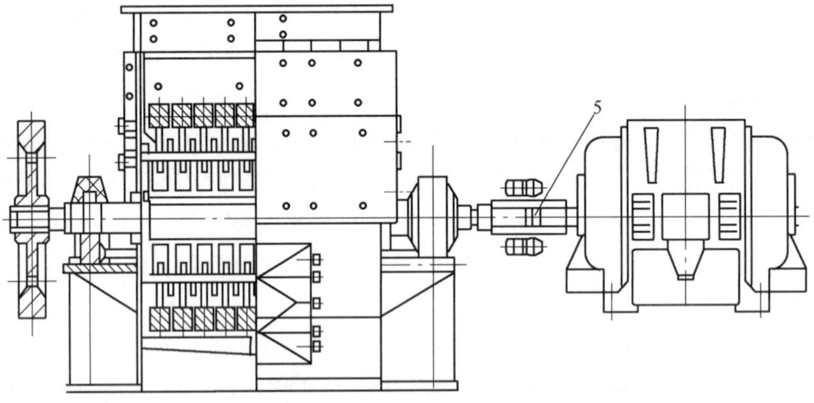

(b)

图 2－13　单转子锤式破碎机

1—机壳；2—转子；3—箅条；4—打击板；5—弹性联轴器

破碎机的主轴上安装有数排挂锤体。在其圆周的销孔上贯穿着销轴，用销轴将锤子铰接在各排挂锤体之间，锤子磨损后可调换工作面。挂锤体上开有两圈销孔，销孔中心至回转轴心的距离是不同的，用它来调整锤子和箅条之间的间隙。为了防止挂锤体和锤子的轴向窜动，在挂锤体两端用压紧锤盘和锁紧螺母固定。转子两端支承在滚动轴承上，轴承用螺栓固定在机壳上。主轴和电动机用弹性联轴器 5 直接连接。为了使转子运转平稳，主轴的一端装有一个飞轮。

圆弧状卸料箅条安装在转子下方，箅条的两端装在横梁上，最外面的箅条用压板压紧，箅条排列方向和转子运动方向垂直。箅条间隙由箅条中间凸出部分形成。为了便于物料排出，箅条缝隙向下逐步扩大，同时还向转子回转方向倾斜。

打击板4是首先承受物料冲击和磨损的地方，它由托板和衬板等部件组装而成。托板是普通钢板，衬板是高锰钢铸件，组装后用两根轴架装在机体上。

转子静止时，由于重力关系，锤子下垂。当转子转动时，锤子在惯性离心力的作用下做辐射状向四周伸开，进入机内的料块受到锤子打击而破碎。另外，由于料块获得动能以较高速度向打击板冲击，或互相冲击而破碎。小于箅缝的物料漏过箅缝向下卸出，一小部分粒度大于要求尺寸的料块仍留在筛面上，继续受到锤子的冲击和磨削作用，直到达到要求尺寸从箅缝卸出。锤子是自由悬挂的，遇上难碎物料，锤子能沿销轴回转，从而可避免机械损坏，起到保护作用。这种锤式破碎机的转子只能沿一个方向运转进行破碎，因此称为不可逆式锤式破碎机。

B 锤式破碎机的使用和保养

锤式破碎机转速很高，破碎比大，粉尘多，要求开车后机器振动振幅不超过0.2mm。锤式破碎机的产量随锤头磨损的增加而降低，因为此时锤头的打击作用减弱。锤头磨损到一定程度后可以将它翻过来使用，待锤头两面均已磨损到最大限度后就更换锤头。更换和翻转锤头时，必须将锤轴抽出、卸下锤头后才能进行。更换锤头时，要注意锤头的质量平衡，以保证破碎机运转平稳，减少振动。

锤头的材质一般为高锰钢，其使用寿命长短的关键是锤头的热处理工序。如果热处理得当，锤头的使用寿命可延长1倍左右。

锤式破碎机的地脚螺栓要紧固，润滑部分每一点都要检查好，保证润滑良好。锤式破碎机需无负荷试车8h，带负荷试车连续运转8~24h。

2.2.4.3 两种破碎机的优缺点

反击式破碎机的优点是：结构简单，制造维修方便；破碎效率高，生产能力大，电耗低；破碎比大。缺点是：破碎后物料粒度不均匀，粉尘大；破碎硬质物料时，板锤和反击板磨损快；噪声大。

锤式破碎机的优点是：生产能力高，破碎比大，电耗低；结构简单，管理方便。缺点是：破碎硬质物料时，锤头和箅条磨损大；检修时间多，消耗金属多，需要均匀给料。

2.3 铝矿石的配矿

配矿就是把已知成分的但有差异的几部分铝矿石根据生产需要，按比例混合均匀，使进入流程中的铝矿石的铝硅比和氧化铝、氧化铁含量符合生产要求。

2.3.1 配矿的方法

配矿工作是在破碎后的铝矿石被送到碎矿堆场分别堆放后开始进行，根据各小区碎矿的成分，按照生产上对铝矿石铝硅比和成分的要求，将参与配矿的各小区的矿石按比例均匀地堆放在几个大区里，每个大区的存矿量应有10天左右的需用量，以保证有配好的矿区和正在使用的矿区以及正在配料的矿区，这样就不会造成配矿过程的混乱。

根据所用设备的不同，配矿的方法分为：吊车配矿、推土机配矿、储罐配矿以及先进的堆取料机配矿等。前三种配矿方法已逐渐被堆取料机配矿所取代。

堆取料机是将吊车、推土机和皮带输送机的功能合在一起的先进设备。目前氧化铝厂都采用了这种设备进行配矿。

2.3.2　配矿计算

由于各供矿点供应的铝矿石成分波动较大，因此，根据铝矿石的地质资料，一般将碎矿堆场分成 4 个小区（1、2、3、4）和 3 个大区（A、B、C）。每一小区的堆矿量为一个班用的破碎量，每 3 个小区可配成一大区。

破碎工序应根据矿山供矿的成分分析，原则上在破碎后按成分的不同分堆堆放。经四个班以后，将 4 小区分别堆满。然后根据各小区矿的成分通过算术平均法算出哪几个小区所组成的混矿合格，从而将这几个小区的矿按配矿比例均匀地撒到一个大区里准备使用。这样 3 个大区周期性循环使用，就保证了生产使用的是较为稳定的合格矿石。

配矿计算过程如下。

设两种铝土矿的成分为：

	$w(Al_2O_3)/\%$	$w(SiO_2)/\%$	$w(Fe_2O_3)/\%$	$w(Al_2O_3)/w(SiO_2)$
第一种	A_1	S_1	F_1	K_1
第二种	A_2	S_2	F_2	K_2

若要求混矿的铝硅比为 K，则上述两种矿石的成分必须满足 $K_1 < K < K_2$ 或 $K_1 > K > K_2$，否则就达不到混矿要求。

设第一种矿石用 1t 时，需配入第二种矿石 x(t)，则可根据铝硅比定义求出 x：

$$K = \frac{A_1 + A_2x}{S_1 + S_2x}$$

$$x = \frac{A_1 - KS_1}{KS_2 - A_2}$$

计算出 x 后，即可求出混矿的化学成分为：

$$w(Al_2O_3) = \frac{A_1 + A_2x}{1 + x} \times 100\%$$

$$w(SiO_2) = \frac{S_1 + S_2x}{1 + x} \times 100\%$$

$$w(Fe_2O_3) = \frac{F_1 + F_2x}{1 + x} \times 100\%$$

2.4　拜耳法配料

2.4.1　拜耳法配料概念

拜耳法配料，就是为满足在一定溶出条件下达到技术规程所规定的氧化铝溶出率和溶出液苛性比，而对原矿浆的成分进行调配的工作。

拜耳法配料指标主要是配苛性碱量、石灰量和原矿浆液固比。

2.4.2　拜耳法配料计算

苛性碱是通过配循环母液量来加入的。单位矿石所需用的循环母液量（m^3）称为配碱量;满足生成($2CaO \cdot TiO_2$)的单位矿石所需用的石灰量(t或%)称为配石灰量。

2.4.2.1 配碱量的计算

配碱量就是配苛性碱量,它的计算要考虑3个方面的需求:

(1)溶出液要有一定的苛性比;

(2)氧化硅生成含水铝硅酸钠;

(3)溶出过程中由于反苛化反应和机械损失的苛性氧化钠。

在实际生产中,配料时加入的碱并不是纯苛性氧化钠,而是生产中返回的循环母液。循环母液中除苛性氧化钠外,还有氧化铝、碳酸钠和硫酸钠等成分。所以在循环母液中有一部分苛性氧化钠与母液本身的氧化铝结合,这部分苛性氧化钠称为惰性碱,剩下的部分才是游离苛性氧化钠,它对配料才是有效的。因此,循环母液中有效苛性氧化钠可用下式来计算:

$$n = \rho(Na_2O_K) - \frac{\alpha_K \rho(Al_2O_3)}{1.645} \tag{2-1}$$

式中 n——循环母液中有效苛性氧化钠的质量浓度,g/L;

$\rho(Na_2O_K)$——循环母液中苛性氧化钠的质量浓度,g/L;

α_K——生产规定的溶出液苛性比;

$\rho(Al_2O_3)$——循环母液中氧化铝的质量浓度,g/L;

1.645——氧化铝与氧化钠的摩尔质量之比。

综上所述,处理1t铝土矿应配入的循环母液量可用下式来计算:

$$V = \frac{0.608m(Al_2O_3)B\alpha_K + M(m(SiO_2)_1 + m(SiO_2)_2) + 1.41m(CO_2) + m(Na_2O)_{损失}}{\rho(Na_2O_K) - 0.608\alpha_K \rho(Al_2O_3)} \tag{2-2}$$

式中 V——每吨铝土矿应配入的循环母液体积,m^3/t;

$m(Al_2O_3)$——每吨铝土矿所带入的氧化铝质量,kg/t;

B——规定的氧化铝溶出率;

α_K——规定的溶出液苛性比值;

0.608——氧化钠与氧化铝的摩尔质量之比;

M——溶出赤泥成分中氧化钠和二氧化硅的质量比值,一般取0.4~0.5;

$m(SiO_2)_1$,$m(SiO_2)_2$——分别为铝土矿和石灰所带入的二氧化硅的质量,kg/t;

1.41——氧化钠和二氧化碳摩尔质量之比;

$m(CO_2)$——矿石和石灰带入的二氧化碳的质量,kg/t;

$m(Na_2O)_{损失}$——磨矿和溶出过程中苛性氧化钠的机械损失,kg/t;

$\rho(Na_2O_K)$——循环母液中苛性氧化钠的质量浓度,g/L;

$\rho(Al_2O_3)$——循环母液中氧化铝的质量浓度,g/L。

式2-2中,分子部分是溶出1t铝土矿所需配入的苛性氧化钠数量(kg),其中,“$0.608m(Al_2O_3)B\alpha_K$”项是从铝土矿进入溶出液中的氧化铝所需要的苛性氧化钠;“$M(m(SiO_2)_1 + m(SiO_2)_2)$”项是铝土矿和石灰中的氧化硅生成硅渣所消耗的苛性氧化钠;“$1.41m(CO_2)$”项是矿石和石灰带入的二氧化碳在溶出过程中和苛性氧化钠化合成碳酸钠所消耗的苛性氧化钠；“$m(Na_2O)_{损失}$”项是机械损失的苛性氧化钠，该碱即是需要补充的苛性碱数量。而分母部分“$\rho(Na_2O_K)-0.608\alpha_K\rho(Al_2O_3)$”是循环母液中有效苛性氧化钠的质量浓度。

2.4.2.2　石灰配入量的计算

拜耳法配料配入的石灰数量是以铝土矿中所含二氧化钛(TiO_2)的数量来确定的。按其反应式要求氧化钙与氧化钛的量之比为2。因此，1t 铝土矿中石灰配入量 W(t)为：

$$W = 2 \times \frac{56}{80} \times \frac{w(TiO_2)}{w(CaO)} = 1.4 \times \frac{w(TiO_2)}{w(CaO)} \tag{2-3}$$

式中　$w(TiO_2)$——铝矿石中二氧化钛的质量分数，%；
$w(CaO)$——石灰石中氧化钙的质量分数，%；
56，80——分别为氧化钙和二氧化钛的摩尔质量，g/mol；
2——钛酸钙化合物中氧化钙的物质的量与氧化钛的物质的量之比。

在生产中，用饲料机的转速来控制铝矿石和石灰的添加量。

2.4.2.3　原矿浆液固比的计算

在生产中，矿石、石灰和母液的配入量计算好后，矿石和石灰通过饲料机加入磨机，配碱量通过控制循环母液下料量来进行配碱操作。循环母液的下料量是用同位素密度计自动测定原矿浆液固比，再根据原矿浆液固比的波动来调节母液的加入量。

液固比(L/S)是指原矿浆中溶液质量与固体质量的比值。其计算公式为：

$$L/S = \frac{V\rho_L}{1000 + W} \tag{2-4}$$

也可以表示为：

$$L/S = \frac{\rho_L(\rho_S - \rho_P)}{\rho_S(\rho_P - \rho_L)} \tag{2-5}$$

式中　L/S——原矿浆液固比；
V——1t 铝土矿应配入的循环母液量，m^3/t；
1000——铝土矿质量，kg；
W——1t 铝土矿中需要配入的石灰量，kg；
ρ_L——循环母液的密度，kg/m^3；
ρ_S——矿石加石灰的固相密度，kg/m^3；
ρ_P——原矿浆的密度，kg/m^3。

生产中 ρ_S 和 ρ_L 是稳定的，通过放射性同位素密度仪测定出原矿浆的密度(ρ_P)，可以很方便地求出原矿浆的液固比。

当配料正确时，溶出率和苛性比应等于或接近技术规程所规定的指标；当溶出率达到指标而苛性比偏高时，则说明配碱量过多；当溶出操作条件正常时，溶出率低于技术指标而苛性比并不高，则说明配碱量不足。因此，在生产中为便于控制指标，往往根据具体条件将上述计算公式加以简化，列成有效苛性氧化钠(n)、铝土矿中的氧化铝含量和原矿浆液固比的关系对照表，以便岗位操作者及时调整母液的加入量。

2.5 原矿浆的磨制及调节

2.5.1 原矿浆的磨制流程

小颗粒的物料粒径在3～30mm之间，要将这类料块的几何尺寸变为0.074mm(200目)或更小的尺寸时，需要进行粉磨工艺。利用钢球、钢段等研磨体冲击和研磨物料，使物料达到以上要求的几何尺寸的工艺称为磨制工艺。而进行磨制工艺作业的机械称为磨机。原矿浆的磨制(简称磨矿)是指通过磨机将细碎后的矿石进一步变细，并能达到进行溶出化学反应要求粒度的工序。在拜耳法氧化铝生产中，在这道工序，矿石要与石灰、循环碱液一起进入磨机内进行混合湿磨得到合格的原矿浆，因此，这道工序也是拜耳法氧化铝生产的配料工序。磨矿所用设备一般为球磨机。原矿浆的磨制流程见图2－1。

2.5.2 球磨

2.5.2.1 球磨机的工作原理及工作参数

球磨机内装有研磨体和物料，球磨机转动时使研磨体随之转动。研磨体一方面由于磨机带动随磨机筒壁向上移动，同时研磨体自己也随磨机旋转方向自转。当研磨体转往磨机筒体上半部时，如果研磨体的惯性离心力小于研磨体的重力，研磨体则以抛物线轨迹下落撞击磨机筒体内的物料使物料粉碎。研磨体在向上转动时也研磨物料。

由于磨机转速的变化，一定量的研磨体可出现三种情况：磨机转速太快，研磨体与物料黏附筒体一起旋转，称为“周转状态”，这时研磨体对物料起不到冲击和研磨作用；当磨机转速太慢，研磨体和物料因摩擦力的作用被筒体带到等于动摩擦角的高度时，研磨体和物料就下滑，称为“倾泻状态”，这时对物料有研磨作用而没有冲击作用，粉磨效率不高；当磨机转速适中时，研磨体提升到一定高度后抛落下来，称为“抛落状态”，这时研磨体对物料有较大的冲击和研磨作用，粉磨效率高。研磨体的运动状态如图2－14所示。

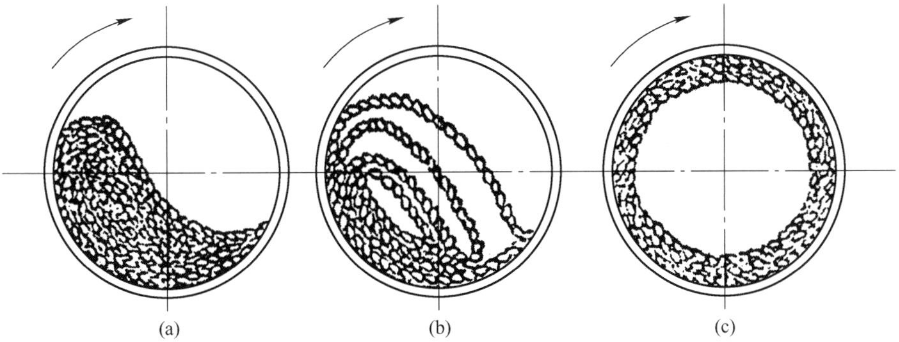

图2－14 研磨体的运动状态
(a)倾泻状态；(b)抛落状态；(c)周转状态

根据以上三种研磨体运动状态的分析，球磨时磨机要找到一个适宜的转速，使研磨体落下时该点有足够的高度，并且这个转速要和“周转状态”时的磨机转速有一定的差值。

A　球磨机转速

临界转速 n_0(r/min)是指研磨体开始发生“周转状态”的球磨机转速。由理论推导可得出球磨机的临界转速的公式为：

$$n_0 = \frac{42.4}{\sqrt{D}} \tag{2-6}$$

式中　D——球磨机筒体内有效直径，等于筒体内径减去衬板厚度的 2 倍。

实际的磨机转速选取时，以临界转速的 75% ~80% 为好。

B　研磨体填充率

研磨体有钢棒、钢球和钢段。球磨机常用的钢球直径为 40 ~ 150mm，钢球直径 $d_{球} \geq 0.04D$（D 为球磨机筒体有效直径）。

钢球的装填数量由充填容积来决定，一般球磨机的充填容积按球磨机总充填容积的 30% ~35% 来考虑。提高研磨体填充率，在一定条件下可以增加球磨机产量，但是填充率过高会发生如下情况：

(1)使溢流型球磨机的研磨体有从中空轴颈排出的可能；

(2)填充率高，内层钢球的数量增多，但内层钢球的粉碎作用小，所以球磨机筒体直径越大，研磨体填充率越要选低些；

(3)研磨体填充率高，抛落钢球的落点处钢球堆积过高，减缓了钢球的冲击，使产量和粉碎效率降低。

湿法球磨机中，研磨体填充率大致以总填充容积的 40% 为界限，大于 40% 的为高填充率。格子型球磨机的填充率为 40% ~45%，以 45% 居多；溢流型球磨机的填充率取 40%。

研磨体装入球磨机时，要采用不同尺寸的钢球，钢棒按一定比例组成，也称配比。为了提高磨矿效率，研磨体的尺寸配比很重要，例如粒度大的给料需要装入较多直径较大、冲击和研磨作用较强的钢球。但大钢球对物料的粉碎次数比小钢球少，比表面积也比小钢球的小。小球对筒体的磨损较少，但价格较高，使用寿命较短。

研磨体的容积密度近似值见表 2 - 2。

表 2 - 2　研磨体的容积密度近似值

研磨体规格/mm	容积密度/t·m^{-3}	研磨体规格/mm	容积密度/t·m^{-3}
钢球 30	4.9	钢球 70	4.49
钢球 40	4.74	钢球 80	4.4
钢球 50	4.6	钢段	4.6
钢球 60	4.56	燧石球	1.64

2.5.2.2　球磨机的类型及结构

A　球磨机的类型

球磨机的类型按不同的分类方法可分为不同的种类。具体分类为：

(1)按长径比不同，球磨机可分为短磨机、中长磨机和管磨机。长径比即磨机筒体长度和筒体直径的比例。长径比在 2 以下的磨机是短磨机，也称为球磨机，一般为单仓，用于粗磨，多台短磨机串联可作为一级磨使用。长径比为 2～3 的磨机为中长磨机。长径比在 4 以上的磨机为长磨机，也称为管磨机，其内部一般分为 2～4 个仓。

(2)按排料方式不同，球磨机可分为溢流排料球磨机、格子排料球磨机、周边排料球磨机和筒体中部周边排料球磨机。主要的排料方式是溢流排料和格子排料。

球磨机运转时，物料给入筒体后即堆积于筒体左端，由于筒体的转动和研磨体的运动，物料逐渐向右端扩散，最后从右端的中空轴溢流而出，所以称为溢流型排料球磨机。

另一种球磨机是在出料端附近有格子板。格子板由若干块扇形板组成，扇形板上有宽度为 8～20mm 的筛孔，物料可通过筛孔而聚集在格子板与右端盖之间的空间内。此空间内有若干块辐射状的举板。筒体转动时，举板将物料向上提举，物料下落时经过锥形块而向出料端折转，经右端中空轴排出。按此方法进行排料的称为格子型排料球磨机。参见图 2－15。

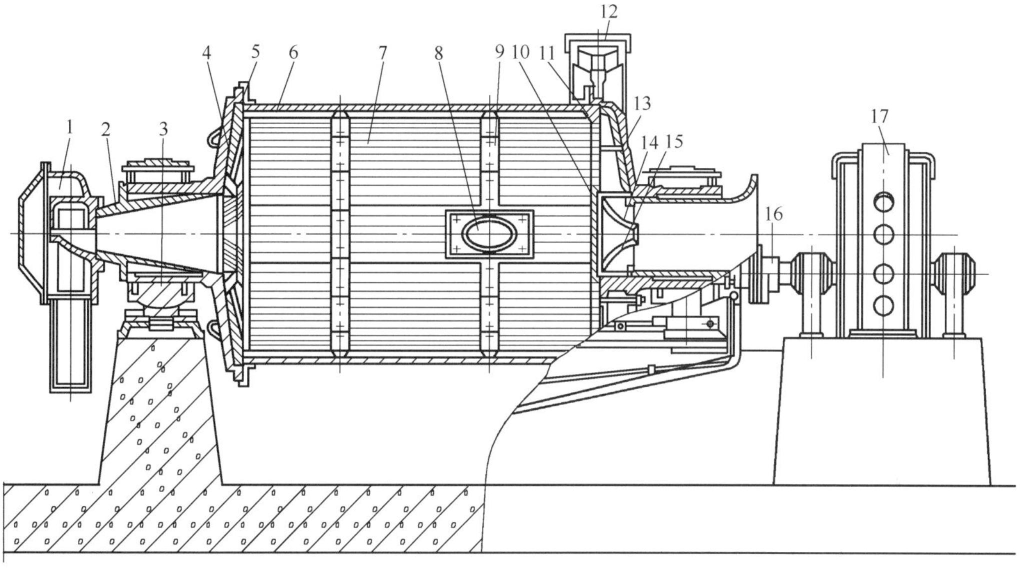

图 2－15　ϕ2700mm×3600mm 格子型球磨机

1—给料部(勺式喂料器)；2—进料部；3—主轴承；4—扇形衬板；5，13—端盖；6—筒体；7—筒体衬板；8—人孔；9—楔形压条；10—中心衬板；11—排料格子板；12—大齿轮；14—锥形体；15—螺栓；16—弹性联轴器；17—电动机

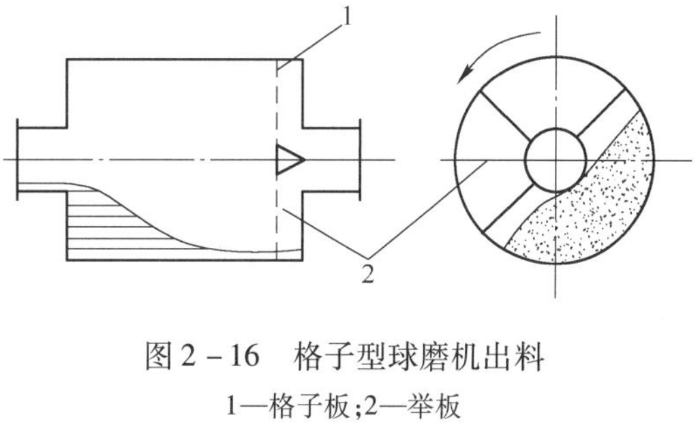

图 2－16　格子型球磨机出料

1—格子板；2—举板

由于格子板和举板的作用，物料在出料端的料位较低，使排料加快，生产量提高，格子型排料球磨机出料参见图 2－16。

(3)按传动方式分：中心传动球磨机和边缘传动球磨机，中心传动球磨机是指电动机通过减速器带动球磨机卸料端空心轴而驱动筒体回转。减速器的主轴和球磨机的中心线为同一轴线。

边缘传动球磨机是指电动机通过减速器带动固定在卸料端筒体上的大齿轮而驱动筒体

回转。

B　球磨机的结构

球磨机是单仓磨，由给料部、进料部、轴承部、筒体部、出料部、传动部、减速部、电动机等组成。

给料部：球磨机给料是倾斜式溜槽送料，其仰角要大于所磨物料的静摩擦角。斜溜槽断面下半部以半圆形为好（无死角），方形也能使用。给料溜槽和进料部连接处有密封装置，一般使用密封填料（石棉绳、石墨填料）将连接处密闭，其作用是防止进料时物料由于下料后在进料部堆积而往外倒料。也有的在进料部轴颈空心处装上螺旋进料器或勺式给料器，将给料部内的物料和液体挖入进料部。

进料部：为了更好地输送物料，进料端空心轴内装有一铸钢衬套。衬套上铸有螺旋推进线，螺旋线是左旋还是右旋要根据球磨机转动方向而定，但必须使物料能通过螺旋推入球磨机筒体内。

轴承部：前后主轴承为空心轴，是由半圆形滑动轴承所支承，即轴承下部有半圆形的轴瓦，轴衬材料为轴承合金。轴承座上部有油管向轴上喷淋润滑油，以起润滑和冷却作用。轴承底座在球磨机进料端可以沿轴向滑动，用以解决球磨机工作时温度上升导致球磨机筒体受热膨胀问题。它可以避免由于限制膨胀伸长而产生的轴向温度膨胀应力。

筒体部：筒体是用普通 Q235A 钢板卷制而成。筒体两端由大法兰和铸钢制的磨端盖连接。筒体的出料端即在出料处的端盖和筒体连接处，有筛板阻止钢球和钢段流出出料端。

筒体内装有一定质量、按一定比例配比的直径为 25 ~ 150mm 的钢球或钢段作为研磨体。

筒体内衬有一定形状和材质的衬板，不仅可以防止筒体遭受磨损，而且衬板的形状影响钢球的运动规律，从而影响粉磨效率。衬板材质有高锰钢、高铬铸铁、中锰球铁和橡胶等，衬板的厚度通常为 50 ~ 130mm。衬板和筒体之间垫有胶合板、橡皮垫、石棉橡胶垫等。衬板一般用螺栓固定在筒体上，螺帽下面有橡胶圈和金属垫圈，以防止料浆漏出。

筒体上有人孔，停机后打开密闭的人孔盖，工人可以进去更换衬板、隔板、筛板或补充钢球钢段。

常用衬板的类型如图 2 – 17 所示。形状较平滑的衬板使钢球同衬板之间的相对滑动较大，产生较多的研磨作用，在相同转速下钢球被提升的高度和抛射所耗的功较少，适于细磨。凸起部较高的衬板对钢球的推举作用强，使钢球能升至较高的位置，冲击作用较强。橡胶衬板耐磨损（寿命比锰钢衬板高 2 ~ 3 倍），质量轻（比锰钢衬板轻约 85%），拆装方便，噪声小。

出料部：空心轴出料端内装有一个斜截头圆锥形铸钢衬套，衬套上铸有螺旋叶片，衬套外装有一固定不转动的筛网。料或料浆从衬套中流出，经筛网筛除其中夹杂的被磨小或磨碎的钢球及不能磨碎的杂物。

传动部：单仓球磨机一般是边缘传动，现也有中心传动的。在筒体出料端和端盖连接处有大齿圈。电动机通过联轴器及减速器与高速轴连接，也有用同步电机通过齿轮联轴器带动小齿轮传动筒体大齿圈的。减速器低速轴处也是通过联轴器和小齿轮连接，带动小齿轮转动促使大齿圈和小齿轮啮合传动回转而将筒体回转起来。边缘传动可以根据地点和安装需要制成右传动、左传动两种，参见图 2 – 16。

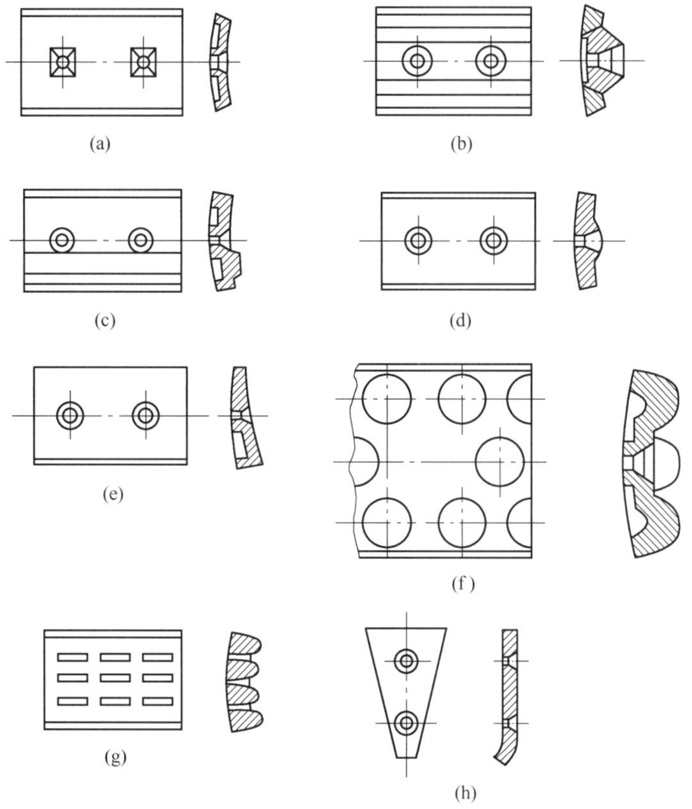

图 2－17　常用衬板的类型

(a)平衬板;(b)压条衬板;(c)凸棱衬板;(d)波形衬板;(e)阶梯衬板;
(f)半球形衬板;(g)小波纹衬板;(h)端盖衬板

C　影响磨机产能的因素

a　矿石可磨度的影响

矿石物理性质如结晶特性、硬度、韧度等都会对磨矿产生影响。一般来说,矿石晶体微小,结构致密,硬度大的,其可磨度差,比较难磨;相反,矿石晶体粗大,结构疏松,硬度小的,其可磨度好,比较易磨。

b　给矿粒度和产品细度的影响

当矿石物理性质相同,要求的产品细度一样时,给矿粒度越小,球磨机的生产率越高;当给矿粒度相同,产品细度要求不同时,细度要求越细,球磨机的生产率就越低。

c　各种入磨物料的比例的影响

在氧化铝生产中,无论是拜耳法还是烧结法,入磨物料都在两种以上,拜耳法的入磨物料有铝矿石和石灰。这两种物料的比例稳定时,球磨机的生产率高;反之,生产率则低。物料中石灰比例增加时,会降低生产率。

d　磨机介质的大小和密度的影响

在实际生产中,给矿粒度的大小和组成往往是不同的,同时球对矿石的冲击力和冲击次数也不一样,还要考虑到矿石在球磨机中的粒度越磨越细,所以在球磨机的同一仓中要装入多种规格的球。一般是最大和最小直径的球量少，中级直径的球量多。对多仓球磨机来说，在第一仓内进行第一阶段的磨碎，冲击作用应强些，因此，球径应大些，而在最后一仓内，物料已经磨得较细了，因此，使用直径较小的圆柱形的钢段，以加强磨削作用。

选择磨矿介质的大小取决于球的密度、给矿粒度、矿石的可磨度和所要求的产品细度等因素。在实际生产中，要求产品的细度是一定的，则在要求的密度和矿石可磨度相似的情况下，球的大小选择就视入磨矿石粒度组成而定。

通常用的球直径 D(mm)的计算公式是：

$$D = 28d^{\frac{1}{3}} \tag{2-7}$$

式中　d——给矿粒度直径，mm。

经实践证明，在给矿粒度较大时，按式 2－7 计算球径，结果偏小，应予以适当修正。

e　磨矿浓度的影响

磨矿浓度是以磨出矿浆的液固比或固相百分含量来表示，一般以液固比表示。

矿浆液固比小时，优点是：流出的单位容积矿浆内所含的固相量多，排矿量大；同时球上黏附着一层矿浆，磨矿效果较好。缺点是：矿浆相对密度大，球的有效相对密度及活动性能降低，相应就减小了球的磨矿作用；同时矿浆的流动性也降低。

矿浆液固比大时，优点是：球的有效相对密度及活动性增加，磨矿作用也提高，球磨机中能显示出一定的分级作用。缺点是：粗物料不易被排出；同时球上附着的矿浆很少，这就相应降低了磨矿效果。

因此，磨矿浓度过大和过小均不利，要有一最适宜的浓度，其值应根据生产实践来确定。

2.5.3　磨矿工艺操作

2.5.3.1　球磨机的操作实践

A　球磨机的启动

球磨机在开车之前必须进行下列检查和准备工作：

(1)对新安装或检修后未经试车的球磨机，在启动之前需转动 2～3 转，以检查球磨机是否与其他机件碰撞；

(2)检查球磨机紧固螺栓、齿轮、联轴器、减速器或皮带轮等紧固、传动件的装配是否正常；

(3)检查与球磨机相关联的设备(如分级机、给矿机等)是否正常；

(4)检查球磨机各润滑部位(如主轴承、传动轴、减速机和齿轮等)的润滑装置是否可靠，油质、油量、油温等是否符合要求；

(5)检查各种保护装置，如断油保护停车的水银接触器、油压断电器以及连锁装置和音响信号等是否完备、可靠。

做完上述各项检查和处理，确认不会有任何故障发生时，再按以下程序启动：先开动润滑装置油泵并检查油压和润滑情况。油压应保持在 0.05～0.15MPa 的范围内，应确认进油、回油正常，无漏油现象。冷却水的压力稍低于油压(一般低于 0.025～0.05MPa)，以免让水渗漏到油中。当润滑系统一切正常时，再按规定发出开车信号，先开球磨机，后开分级机和给矿机。

根据球磨机停车时间长短和带料情况及电机的启动能力，可采用直接启动或盘车后启动。当球磨机停车时间较长（一般在4h以上），启动电机之前应先盘车2～3转，以检查磨矿介质是否黏结，转动是否自如。盘车时如果听不到介质滚动的声音，表明已黏结，必须继续盘车或采取其他措施，直到介质运动自如为止。

启动球磨机时应注意以下几点：

（1）用频敏变阻器减压启动的球磨机，启动过程不能超过规定的启动时间，启动时间一般为15～20s。若按下启动按钮后，球磨机开始转动到规定时间球磨机还达不到额定转速，则应立即停止启动，否则频敏变阻器会烧毁。停止启动后仔细检查机械和电器装置，找出启动不了的原因。第二次启动与第一次启动的时间间隔要在15min以上。如果频敏电阻器的温度比较高，可用风机强制冷却。

（2）球磨机连续启动不准超过2次，第三次启动必须经过全面检查后方可进行。

B　球磨机的运转

球磨机启动后，一切正常，即可开始给矿。球磨机在有载运转中，操作人员必须按以下要求正确地进行操作：

（1）球磨机不能长时间不给矿空运转（一般不能超过15min），以免损伤衬板和增加钢球消耗；

（2）球磨机的给矿量、排矿浓度应精心调整，介质的大小与配比也应调整合适，以提高产量和产品质量；

（3）经常检查各润滑部位的润滑情况，保证润滑正常，主轴承的回油温度不能超过60℃；

（4）定期检查球磨机筒体内衬板的磨损情况。发现衬板磨穿或破裂应及时更换，衬板螺栓松动或断裂应及时处理，以免损坏筒体和发生漏浆。

C　球磨机的停车

球磨机的停车有两种，一种是正常停车，一种是事故停车。

（1）正常停车是指球磨机在正常情况下有计划的停车。在接到停车指令后，先停止给矿，让球磨机继续运转10～20min，将球磨机筒体内的矿石全部处理完再停车，以避免球磨机下次在过重的负荷下启动。对于闭路磨矿，在球磨机停车之前必须先停分级机，以免返砂堵塞给矿器。对螺旋分级机，停车以后应将下部提起来，防止分级机下一次在重负荷条件下启动，造成主轴或螺旋扭坏和电机损坏的事故。

（2）事故停车。因设备发生故障，又不能在运转的条件下排除，必须立即使球磨机及其他设备停止运转，这种情况称为事故停车。

磨矿机组发生下列情况之一者应立即事故停车：给矿器勺头掉落；给矿器与给矿槽相碰撞发出巨响；齿轮因打牙掉齿而发出周期性较大响声；电机、减速器轴承急剧升温，温度高于80℃；地脚螺栓拉断，球磨机发生振动；球磨机衬板脱落，筒体内发出巨大响声；突然断油，但轴承还未过热；油箱有油，但循环量很小，一时又查不出毛病等。

事故停车要立即停止给矿，停止分级机，并把所有的电器开关都打在停止位置。停止补加水，将螺旋分级机升起。若停车是突然停电造成，要检查磁力启动器等是否已自动脱开，闸刀开关必须拉开，防止来电时自行启动。

事故停车后再启动时一般都是在重负荷情况下启动，启动时对电机、电器和设备都要特别注意。在启动时应做好以下几点：

1)检查给矿器下边的给矿箱是否存有矿石,若存矿太多,应打开箱底排矿口将矿石排出,否则箱内有大量矿石存在,给矿器的阻力太大,会造成启动困难;

2)启动前先盘车,使筒体内的矿石和介质充分活动起来,减少偏心;

3)若球磨机及电机、电器正常而启动不起来,说明负荷过重,这时就要打开孔盖倒出一部分矿石或介质,等启动完毕,球磨机正常运转后再给入球磨机。

2.5.3.2　球磨机的检查与维修

为了保证球磨机长期连续运转,必须对球磨机及所属设备经常进行检查和调整,做好维护保养工作,及时消除故障,防止事故发生。

球磨机在运转过程中,各部分的配合必须紧密可靠,要保证传动正确、平稳,尤其是应具有良好的润滑。因此,球磨机的检查维护应着重在润滑、紧固和调整等方面。

A　球磨机的润滑

球磨机只有在良好的润滑条件下才能保证轴承和传动齿轮长期正常运行。如果筒体上的大齿轮给以良好的润滑和维护保养,寿命一般可达 15 年以上,而如果维护保养不当,只 1 ~2 年就会报废,尤其是半开式传动齿轮更为严重。同样,主轴承轴瓦在正常的润滑与维护保养下,其寿命可达 10 年以上,相反,有时 2 ~3 年即需更换新的。主轴承烧瓦的重大事故往往是由于润滑不良造成的。所以,合理润滑对球磨机摩擦零件的影响极为重要。

球磨机各摩擦面的润滑一般采取两种形式,即干油润滑和稀油润滑。大、中型球磨机的大、小传动齿轮,传动轴承,减速器和主轴承采用稀油循环润滑,有的球磨机大、小传动齿轮和传动轴轴承也采用干油润滑。实践证明,大、小传动齿轮和滑动轴承采用稀油润滑效果良好,而滚动轴承采用干油润滑效果良好。稀油润滑以压力循环油润滑为最好,它极有利于球磨机的稳定运行和延长零件的使用寿命。小型球磨机传动齿轮多采用干油润滑,但仍以稀油润滑为好。

球磨机的润滑系统由油泵、过滤冷却器、油压调整阀、油箱、油管和指示仪表装置等组成。润滑油一般采用 30 号 ~50 号机械油。润滑油一般每半年进行一次过滤或更换,对于没有过滤器的润滑系统,应每季度过滤一次。当发现筒体大齿轮或主轴承有甩出的矿浆进入时,应立即进行检查清洗,否则会造成齿轮或轴瓦的快速磨损,必须加强检查。在正常运行时,大齿轮上的润滑脂一般每 2 ~4 个月清洗更换一次。

球磨机在运转工作中,对润滑系统的检查维护主要有以下几个方面:

(1)观察油压表,正常的油压应保持在 0.05 ~0.15MPa。当过滤冷却器前后的油压力差超过 0.04MPa 时,要及时清洗过滤器。

(2)检查油温,回油温度不允许超过 60℃。对装有油温表或测温器的球磨机,可直接测得油温。若球磨机无测温装置,可用手摸回油管,凭经验判断油温的高低。回油温度一般为 35 ~50℃。

(3)检查油流量。检查的部位包括:1)管路上的油流指示器;2)中空轴颈瓦盖上的观察孔;3)油箱中的油位指示器。一般凭经验确定润滑油的多少,以润滑正常为准。

(4)检查油泵、油路和各润滑点的密封部位有无漏油和进砂、进水情况。

(5)从油流指示器或主轴承上盖观察孔观察油的黏度和清洁度。如果流动性差,证明黏度高或油温低;油变色,证明油不清洁。

(6)对于由人工定期润滑的部位,必须按设备技术要求准确、及时地进行润滑。

B 球磨机回转体的检查

球磨机回转体主要包括筒体、端盖和给矿器。对回转体的检查主要是注意螺钉松动、拉断以至漏浆的情况。

筒体和端盖固定衬板的螺钉因松动或拉断,都会引起球磨机漏浆。两端盖和靠端盖的筒体上的螺孔漏浆,都会使矿浆进入主轴承和大、小齿轮,结果导致齿轮和轴承损坏。当矿浆进入润滑系统以后,整个润滑情况都变坏。所以要特别注意漏浆,一经发现,应及时停车处理。漏浆的处理方法是:若螺钉未断,只需增加或更换垫圈即可;若螺钉已断,则必须更换螺钉。

C 紧固情况的检查

在工作过程中,对球磨机各连接部位必须经常进行检查、紧固,绝不允许有任何松动。

D 齿轮啮合间隙的检查

球磨机在运转过程中,各传动齿轮的啮合间隙应定期进行检查和调整,只有经常及时地检查和合理调整各部间隙,才能保证各零部件的正常使用,从而不致损坏,确保设备正常运行。否则,当齿轮啮合间隙过大或过小而没有及时调整时,会引起打牙、快速磨损、轮齿变形、振动过大和噪声等缺陷和事故。对旧式三角皮带传动的球磨机,大齿轮啮合间隙应特别注意及时检查,合理调整。各部轴承间隙也应根据运行和修理时的检查情况及时适当调整。

2.5.4 磨矿常见故障发生的原因与处理的方法

2.5.4.1 跑磨

跑磨故障是指料浆未被磨到合格细度就从球磨机出来,进入下一工序。

跑磨故障发生的原因是:

(1)给矿量过多,超出球磨机磨矿的能力;

(2)返砂比过大。

跑磨故障处理的方法是:

(1)稳定给矿量;

(2)降低返砂比。

2.5.4.2 堵磨

堵磨故障发生的原因是:

(1)碱液量少,球磨机内浆液的液固比小,不能将料带出;

(2)石灰下料量过多;

(3)出料端筛板被堵塞。

堵磨故障处理的方法是:

(1)停止下料,增大碱液量;

(2)停止下料,用高压水冲掉石灰;

(3)清理筛板。

2.5.5 磨矿技术条件及指标的控制

磨矿技术条件及指标的控制包括的内容有:

(1)入磨铝矿粒度不超过20mm;

(2)入磨石灰粒度不超过30mm;

(3)入磨石灰中有效氧化钙的质量分数 $w(CaO)\geq 85\%$;

(4)球磨机内液固比为0.4~0.8;

(5)分级机溢流液固比为3.0~4.0;

(6)原矿浆细度:100目筛(筛孔直径0.152mm)残留低于10%,150目筛(筛孔直径0.105mm)残留低于20%。

为了保证原矿浆的细度,应严格控制球磨机内矿浆的液固比、分级机溢流矿浆的液固比和返砂量。

球磨机内液固比大,磨内矿浆流动速度快,停留时间短,矿石得不到充分的研磨;磨内液固比控制过小,虽然矿浆在球磨机内停留时间延长,但影响球磨机的生产率。

分级机溢流矿浆的液固比反映了进入分级机的矿浆浓度。液固比增加,矿浆浓度降低,也就是溢流的粒度变细。但是液固比也不能过量放大。

返砂量的变化会引起整个磨矿过程的变化。因此,根据经验决定了最恰当的返砂量后,应尽量地保持稳定。

磨内液固比和分级机溢流液固比是用循环母液量来调节的。

2.5.6　分级

一般通过球磨机球磨的矿浆需经分级才能保证其矿浆粒度达到下一个工序溶出的要求,通常氧化铝生产过程的矿浆分级在生产实践中主要是采用螺旋分级机进行分级。螺旋分级机分为高堰式、低堰式和沉没式三种。根据螺旋数目不同,又可分为单螺旋和双螺旋两种。

如图2-18所示,螺旋分级机有一个倾斜的半圆形分级槽3,槽中装有两个螺旋2,它的作用是搅拌矿浆并把沉砂运向斜槽的上端。螺旋叶片与空心轴相连,空心轴支承在上下两端的轴承内。传动装置安在槽子的上端,电动机经伞齿轮使螺旋转动。下端轴承装在升降机构4的底部,可转动升降机构使它上升或下降。升降机构由电动机经减速器和一对伞齿轮带动丝杆,使螺旋下端升降。当停车时,可将螺旋提取,以免沉砂压住螺旋,使开车时不至于过负荷。从槽子侧边进料口给入水槽的矿浆,在向槽子下端溢流堰流动的过程中,矿粒开始沉降分级,细颗粒因沉降速度小,呈悬浮状态被水流带经溢流堰排出,成为溢流;而粗颗粒沉降速度大,沉到槽底后被旋转的螺旋叶片运至槽子上端,成为返砂,送回磨矿机再磨。

高堰式螺旋分级机的溢流堰比下端轴承高,但低于下端螺旋的上边缘。它适合于分离出0.15~0.20mm级的粒级,通常用在第一段磨矿,与磨矿机配合。沉没式的下端螺旋有4、5圈全部浸在矿浆中,分级面积大,利于分出0.15mm细的粒级,常用在第二段磨矿与球磨机构成机组。低堰式的溢流低于下端轴承中心,分级面积小,只能用以洗矿或脱水,现已很少用。

螺旋分级机比其他分级机优越,因为它构造简单、工作平稳可靠、操作方便、返砂含水量低、易于与球磨机自流联结,因此常被采用。它的缺点是下端轴承易磨损和占地面积较大等。

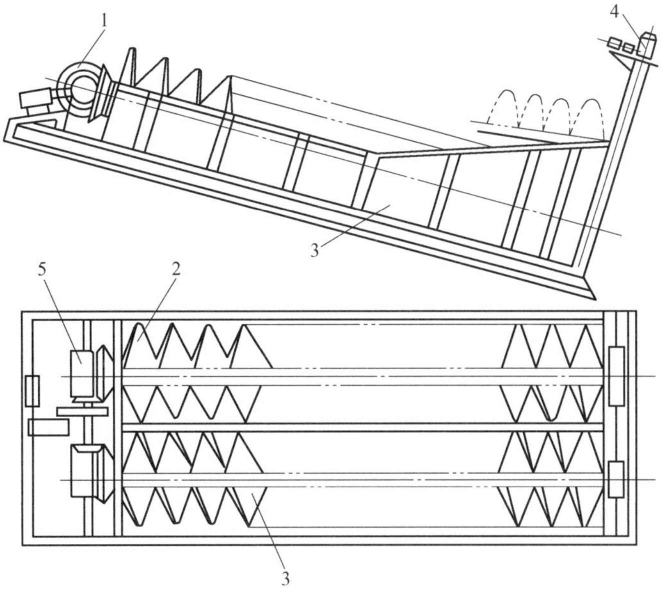

图2-18 螺旋分级机示意图
1—传动装置;2—左右螺旋;3—分级槽;4—升降机构;5—上部支承

2.5.7 原矿浆成分的调节

在磨矿中,球磨机的固体下料量要求稳定,因此,原矿浆成分的调节主要是调节原矿浆的液固比即调整循环母液的加入量。在拜耳法磨矿中,循环母液分别是在球磨机内、分级机内和混合槽内3个点加入,而球磨机内和分级机溢流的液固比在磨矿的操作中要求稳定。因此,调节原矿浆的液固比,实际上是靠增减加入混合槽的循环母液量来实现的。

稳定循环母液的浓度和严格铝土矿的配矿制度是确保拜耳法正确配碱的有效措施。同时应尽量减少非生产用水进入流程及提高石灰质量等,这些都是有利于拜耳法正确配料而达到良好溶出指标的重要保证。

3 拜耳法高压溶出

3.1 高压溶出原理

从根本上讲，溶出就是通过反应使原矿浆中的氧化铝进入溶液（液相），而各种杂质进入渣中（固相），经过液固分离，达到有用物质与杂质分离的目的。

高压溶出是在高压（高温）条件下，用循环母液中的苛性碱迅速将原矿浆中的氧化铝溶解出来成为铝酸钠溶液。但原矿浆中除氧化铝外，还有如二氧化硅、二氧化钛、氧化铁、碳酸盐、有机物和硫化物以及一些微量物质如镓、铬、钒等的杂质等。另外，添加的石灰除主要成分氧化钙外，还有碳酸钠、硫酸钠以及铝硅酸盐等杂质，也会同时进入原矿浆。因此，原矿浆的组成是很复杂的，在溶出过程中，各种组分的化学反应十分复杂。

为便于讨论，将溶出化学反应分为氧化铝水合物的溶出反应和其他组分（各种杂质）在溶出过程的反应两大类。

3.1.1 氧化铝水合物的溶出反应

铝土矿主要有3种类型：三水铝石型铝土矿、一水软铝石型铝土矿、一水硬铝石型铝土矿。这3种类型的铝土矿由于其氧化铝水合物的结构和组成不同，它们在苛性碱溶液中的溶解度和溶解速度各不相同。

常压下，上述3种类型的铝土矿在苛性碱溶液中的溶解难易程度为：三水铝石型铝土矿容易溶出；一水软铝石型铝土矿不易溶出；一水硬铝石型铝土矿很难溶出。

在常压条件下，三水铝石型铝土矿就会与苛性碱发生反应生成铝酸钠溶液。其化学反应式为：

$$Al(OH)_3 + NaOH + aq = NaAl(OH)_4 + aq \tag{3-1}$$

在高温高压条件下，一水软铝石型铝土矿或一水硬铝石型铝土矿才会与苛性碱发生反应生成铝酸钠溶液。其化学反应式为：

$$AlOOH + NaOH + H_2O = NaAl(OH)_4 \tag{3-2}$$

3.1.2 二氧化硅在溶出过程中的行为

3.1.2.1 二氧化硅在铝土矿中的存在形式

铝土矿中的二氧化硅一般以石英（SiO_2）、蛋白石（$SiO_2 \cdot nH_2O$）、高岭石（$Al_2O_3 \cdot SiO_2 \cdot 2H_2O$）和叶蜡石（$Al_2O_3 \cdot 4SiO_2 \cdot H_2O$）等形态存在。

3.1.2.2 二氧化硅对生产的危害

二氧化硅对生产的危害是：

(1)造成氧化铝和苛性碱的损失。从含水铝硅酸钠的分子式($Na_2O \cdot Al_2O_3 \cdot 1.7SiO_2 \cdot nH_2O$)可以看出:矿石中有1kg的$SiO_2$,就会有1kg的$Al_2O_3$和0.608kg的$Na_2O$结合成含水铝硅酸钠进入赤泥而损失。

(2)在流程中的管道结疤,影响传热和增加清理工作量。

(3)大量钠硅渣生成,增大赤泥量,不利于赤泥的分离和洗涤。

(4)溶液中的二氧化硅还可能进入产品氧化铝中,影响产品的质量。

因此,二氧化硅是碱法生产氧化铝中最大的有害杂质。

3.1.2.3 二氧化硅在溶出时的反应

由于形态、粒度、苛性碱浓度及温度的不同,二氧化硅与苛性碱的反应也不同。石英(SiO_2)化学活性小,在125℃下不与苛性碱反应,但在125℃以上会与碱反应。所以,三水铝石型铝土矿中的石英会进入渣中,而一水铝石型铝土矿中的石英则全部溶解。其化学反应式为:

$$SiO_2 + 2NaOH = Na_2SiO_3 + H_2O \quad (3-3)$$

蛋白石($SiO_2 \cdot nH_2O$)能很容易地与苛性碱反应。其化学反应式为:

$$SiO_2 \cdot nH_2O + 2NaOH = Na_2SiO_3 + (n+1)H_2O \quad (3-4)$$

式3-3和式3-4生成的可溶性硅酸钠又会与溶液中的铝酸钠反应生成不溶性的含水铝硅酸钠进入赤泥。其化学反应式为:

$$1.7Na_2SiO_3 + 2NaAlO_2 + (1.7+n)H_2O = Na_2O \cdot Al_2O_3 \cdot 1.7SiO_2 \cdot nH_2O\downarrow + 3.4NaOH + aq \quad (3-5)$$

高岭石($Al_2O_3 \cdot SiO_2 \cdot 2H_2O$)也较容易与苛性碱反应。其化学反应式为:

$$Al_2O_3 \cdot 2SiO_2 \cdot 2H_2O + 6NaOH + aq = 2NaAlO_2 + 2Na_2SiO_3 + 5H_2O\text{(溶解反应)} \quad (3-6)$$

两个生成物又会相互反应生成不溶性的含水铝硅酸钠进入赤泥。其化学反应式为:

$$1.7Na_2SiO_3 + 2NaAlO_2 + (1.7+n)H_2O = Na_2O \cdot Al_2O_3 \cdot 1.7SiO_2 \cdot nH_2O\downarrow + 3.4NaOH\text{(脱硅反应)} \quad (3-7)$$

从上述反应(可溶性硅酸钠与铝酸钠反应生成不溶性的含水铝硅酸钠)可见,铝土矿中的二氧化硅在溶出时最终会以不溶性的含水铝硅酸钠形式入渣。

3.1.2.4 减轻二氧化硅危害的措施

减轻二氧化硅危害的措施是:

(1)选用铝硅比高的铝土矿,这样矿石中二氧化硅数量就会减少,含水铝硅酸钠的生成数量也就相应减少。

(2)在溶出时添加石灰,发生如下反应式:

$$3Na_2O \cdot Al_2O_3 \cdot nSiO_2 \cdot nH_2O + 3Ca(OH)_2 = 3CaO \cdot Al_2O_3 \cdot nSiO_2 \cdot (6-2n)H_2O + 6NaOH \quad (3-8)$$

溶出时添加石灰,可使二氧化硅生成水化石榴石($3CaO \cdot Al_2O_3 \cdot nSiO_2 \cdot (6-2n)$

H_2O)，从该分子式可以看出，这样会使价格高的氧化钠损失减少，但是氧化铝的损失会增大。所以要从经济角度考虑是否添加石灰。

3.1.3　二氧化钛在溶出过程中的行为

3.1.3.1　二氧化钛在铝土矿中的存在形式

二氧化钛一般以金红石或锐钛矿和板钛矿的形态存在，两者晶型结构不同。

3.1.3.2　二氧化钛对生产的危害

二氧化钛对生产的危害是：

(1)二氧化钛在溶出时生成的不溶性钛酸钠会造成苛性碱的损失。在一水硬铝石型铝土矿溶出时，结晶致密的钛酸钠会形成一层保护膜把矿粒包裹起来，阻碍一水硬铝石的溶出，使溶出率降低。而三水铝石型铝土矿易溶解，在钛酸钠生成之前已经溶解完毕，所以二氧化钛对三水铝石型铝土矿的溶出没有影响。一水软铝石型铝土矿则受到一定程度的影响。

(2)细小钛酸钠会生成胶体，恶化赤泥沉降。

3.1.3.3　二氧化钛在溶出时的反应

在不加石灰时，二氧化钛与苛性碱作用生成不溶性的钛酸钠。其化学反应式为：

$$3TiO_2 + 2NaOH + H_2O = Na_2O \cdot 3TiO_2 \cdot 2H_2O \downarrow \tag{3-9}$$

3.1.3.4　消除二氧化钛危害的措施

消除二氧化钛危害的措施是：

(1)加石灰。在溶出一水硬铝石时加石灰，二氧化钛会与氧化钙作用生成不溶性的钛酸钙。其化学反应式为：

$$2CaO + TiO_2 + 2H_2O = 2CaO \cdot TiO_2 \cdot 2H_2O \downarrow \tag{3-10}$$

钛酸钙结晶粗大松脆，易脱落，所以氧化铝溶出不受影响，并且消除了生成钛酸钠所造成的苛性碱损失。

(2)延长浸出时间和提高温度，使钛酸钠再结晶长大，自动破坏保护膜。

3.1.4　氧化铁在溶出过程中的行为

3.1.4.1　氧化铁在铝土矿中的存在形式

铝土矿中的氧化铁主要是以赤铁矿($\alpha - Fe_2O_3$)形态存在。

3.1.4.2　氧化铁对生产的危害

氧化铁虽然不进入溶液，也不引起碱和氧化铝的化学损失。但是，矿石中氧化铁含量越大，赤泥量就越大，由于赤泥有吸附作用，因此如果洗涤不净会造成碱和氧化铝的机械损失也就越多。

3.1.4.3 氧化铁在溶出时的反应

在铝土矿溶出的条件下,氧化铁作为碱性氧化物不与苛性碱作用,氧化铁(Fe_2O_3)及其水合物全部残留于固相而进入泥渣中,使泥渣呈红色,所以溶出的泥渣也称为赤泥。

3.1.5 硫在溶出过程中的行为

3.1.5.1 硫在铝土矿中的存在形式

硫在铝土矿中主要是以黄铁矿(FeS_2)及其异构体白铁矿和胶黄铁矿的矿物形态存在。

3.1.5.2 硫对生产的危害

硫对生产的危害是:

(1)铝土矿中的硫化物会生成硫化钠,造成有效苛性碱的损失;同时使铝酸钠溶液中的硫酸钠含量增高,达到一定浓度后,在母液蒸发时便有碳钠矾($2Na_2SO_4 \cdot NaCO_3$)析出,会引起蒸发器加热面结垢而堵管,影响蒸发作业的正常进行。

(2)硫化亚铁(FeS)水溶胶分散在溶液中,它可以透过过滤介质进入精液,会影响产品氧化铝的质量,使氧化铝的铁含量增高。

(3)当硫代硫酸钠(Na_2SO_3)在铝酸钠溶液中的含量增高到一定程度后,会严重腐蚀钢制设备,影响设备的使用寿命。所以,矿石中的硫化物是一种有害的杂质,一般要求矿石中硫的质量分数不高于0.7%。

3.1.5.3 硫在溶出时的反应

在溶出过程中,硫化物能与苛性碱反应生成硫化钠(Na_2S)和硫代硫酸钠(Na_2SO_3),其中,硫化钠在流程中与空气接触最终被氧化成硫酸钠;胶溶状态的硫化亚铁(FeS)也会进入溶液。

3.1.5.4 消除硫危害的措施

如果矿石中硫含量大,可采取下列方法去除:

(1)采用沸腾焙烧的方式,将矿石在200℃连续焙烧20~30min,使矿石中的硫以二氧化硫烧除。

(2)添加氧化锌,使硫以硫化锌方式除掉。

3.1.6 碳酸盐在溶出过程中的行为

3.1.6.1 碳酸盐在铝土矿中的存在形式

碳酸盐是由铝土矿和质量差的石灰带入生产流程的,通常以$CaCO_3$、$MgCO_3$和$FeCO_3$等形式存在。

3.1.6.2 碳酸盐对生产的危害

碳酸盐对生产的危害是:

(1)碳酸盐的存在能消耗苛性碱,使循环母液溶出铝土矿中氧化铝的能力下降。

(2)反苛化反应生成的碳酸钠在蒸发时,会结晶析出黏附在加热管表面上,影响传热,降低蒸发效率。

所以碳酸盐在生产中也是一种有害杂质。

3.1.6.3 碳酸盐在溶出时的反应

碳酸盐在高温高压溶出时,与苛性碱溶液能进行反苛化反应生成碳酸钠。其化学反应式为:

$$CaCO_3 + 2NaOH = Ca(OH)_2 + Na_2CO_3 \quad (3-11)$$

3.1.7 有机物微量元素在溶出过程中的行为

3.1.7.1 铝土矿中的有机物存在的形态

铝土矿中的有机物通常以腐殖质和沥青的形态存在。

沥青不与碱作用而进入赤泥中;腐殖质能与碱作用生成草酸钠和蚁酸钠进入溶液中。当铝酸钠溶液中有机物含量过高时,溶液的黏度增大,这不利于赤泥分离和晶种分解。

3.1.7.2 铝土矿中的微量元素

铝土矿中常含有多种微量元素,其中主要有镓、钒等元素。

镓、钒等元素与碱作用进入溶液中,生成镓酸钠($NaGaO_2$)和钒酸钠(Na_3VO_4)。随着溶液的不断循环使用,镓酸钠和钒酸钠不断富集,当达到一定浓度时降温,使之以氢氧化物形式分解析出,然后去提镓和提钒。

3.2 高压溶出过程的影响因素

在溶出过程中,主要是控制矿石粒度、循环母液苛性碱浓度和苛性比、溶出液的苛性比、溶出温度和石灰添加量等技术条件,使高压溶出达到合格的氧化铝溶出率。

3.2.1 矿石的矿物组成及结构

如果铝土矿的矿物组成不同,在溶出过程的行为差别很大。三水铝石型铝土矿容易溶出;一水软铝石型铝土矿不易溶出;一水硬铝石型铝土矿很难溶出。

铝土矿的结构形态和杂质含量也影响溶出性能。疏松多孔的铝土矿的溶出性能比致密的铝土矿要好得多;铝土矿中杂质含量越高,溶出越困难。

3.2.2 溶出的温度

温度是影响氧化铝溶出率最主要的因素。在其他条件相同时,溶出的温度越高,溶出率就会越高,溶出时间就越短。如果溶出的温度提高到300℃时,无论哪种类型的铝土矿,溶出过程都可以在几分钟内完成,并得到接近饱和的铝酸钠溶液。提高温度可消除铝土矿矿物形态方面的差别对溶出过程的影响。所以,溶出工艺技术的进步主要体现在溶出温度的提高上。因为温度提高与溶出器内的压力有关,温度越高,溶出器内的压力就会越高,溶出器器壁的厚度在直径不变时则应越厚，这样才能承受较高的压力，但这受到了设备制造的限制。在溶出器器壁的厚度不变时，如果溶出器的直径越小，越能承受更高的压力。管道化溶出工艺的先进就在于能将溶出的温度提高到300℃以上。

目前，中国生产企业在直接加热溶出流程中，控制溶出温度在240℃以上。

3.2.3 矿石粒度

由于溶出反应是在相界面进行的，因此，溶出速度是与相界面的面积成正比的。而矿石的比表面积与其粒子直径大小成反比，所以矿石磨得越细，其比表面积就越大，溶出速度就越快。另外，矿石磨细后，还可以把被杂质包围起来的氧化铝水合物表面暴露出来，能有效地与碱液接触，加快溶出速度。但是如果磨得太细，能引起赤泥沉降性能变坏，并且增加能耗，降低设备产能。因此，不同矿石的最佳磨细程度应通过试验和生产实践来确定。

3.2.4 循环母液苛性碱浓度和苛性比

如果仅针对溶出工序，提高循环母液苛性碱浓度和苛性比不仅能加快铝土矿的溶出速度，提高溶出率，而且还能提高设备产能和劳动生产率。

但是，从整个生产流程来看，过分地提高循环母液浓度和苛性比并不经济，因为：

(1)晶种分解时要求铝酸钠溶液的浓度不能太高，种分母液中的苛性碱质量浓度一般在140g/L左右，因此，要求循环母液浓度越高，必须蒸发掉的水分就越多，这样将会造成结疤严重，影响蒸发效率，增加汽耗。

(2)苛性碱浓度增高后，对钢制设备的腐蚀作用加剧，降低设备使用年限。

(3)要求循环母液苛性比越高，则晶种分解时间就越长，会降低分解设备的产能。因此，循环母液苛性碱浓度和苛性比要通过技术经济指标的核算来确定。

采用蒸汽直接加热溶出流程，由于有稀释作用，要求循环母液苛性碱质量浓度为270～300g/L，苛性比为3.5。采用蒸汽间接加热溶出流程，则要求循环母液苛性碱质量浓度为240g/L左右。

3.2.5 溶出液的苛性比

溶出液苛性比的高低不但对溶出过程有影响，而且对赤泥分离和晶种分解等生产过程也都起着极大的作用。当溶出液苛性比高时，晶种分解的速度就慢，种分分解率就低。这样使循环效率降低，物料流量增大，降低了设备产能，增加了加工费用。反之，溶出液苛性比低，晶种分解速度快，种分分解率高，这样不仅提高了循环效率，减少了物料流量，而且还能提高设备产能，降低加工费用。在工业生产中，往往采用低苛性比溶出的技术条件来提高循环效率，改善整个生产过程的技术条件。

在工业生产中，溶出液的苛性比一般控制在1.55左右。在这个苛性比条件下，溶液在种分之前不会分解。

3.2.6 石灰添加量

溶出一水硬铝石时，在溶出过程中添加适量的石灰，可以加速溶出反应的进行，有利于提高溶出率。

石灰添加量要根据铝土矿中二氧化钛的含量进行添加,如果过量,则多余的石灰会在溶出过程中生成水化石榴石($3CaO \cdot Al_2O_3 \cdot nSiO_2 \cdot (6-2n)H_2O$),使氧化铝溶出率降低。

3.2.7 溶出时间

铝土矿溶出过程中,只要氧化铝溶出率没有达到最高值,增加溶出时间可以提高溶出率。

3.3 衡量溶出效果的指标

在生产上,衡量铝土矿中氧化铝溶出效果的指标是理论溶出率、实际溶出率和相对溶出率。

3.3.1 理论溶出率

理论溶出率是指理论上矿石中可以溶出的氧化铝(扣除不可避免的化学损失)与矿石中所含氧化铝的质量的比值,用 $\eta_{理}$ 表示。

在高压溶出时,当矿石中的氧化铝能溶出的已经全部溶出时,矿石中的二氧化硅也已全部反应生成含水铝硅酸钠($Na_2O \cdot Al_2O_3 \cdot 1.7SiO_2 \cdot nH_2O$)进入赤泥。从该分子式可以计算出矿石中 1t 的 SiO_2 能够造成 $1tAl_2O_3$ 和 $0.608tNa_2O_K$ 的损失,而这部分的损失是由于化学反应所造成的,在溶出过程不能进行控制,这是不可避免的损失。所以在进行理论溶出率的计算时,要扣除掉这部分的损失。计算公式为:

$$\eta_{理} = \frac{w(Al_2O_3)_{矿}/w(SiO_2)_{矿} - 1}{w(Al_2O_3)_{矿}/w(SiO_2)_{矿}} \times 100\% \tag{3-12}$$

式中 $\eta_{理}$——铝土矿中所含 Al_2O_3 的理论溶出率,%;
$w(Al_2O_3)_{矿}$——铝土矿中所含 Al_2O_3 的质量分数,%;
$w(SiO_2)_{矿}$——铝土矿中所含 SiO_2 的质量分数,%。

所以,理论溶出率的计算把铝土矿 $w(Al_2O_3)_{矿}/w(SiO_2)_{矿}$ 的数值作为一个比较的依据,在溶出前就可进行。从式 3-12 可以知道,矿石铝硅比越高,理论溶出率就会越高,越有利于拜耳法的处理。

3.3.2 实际溶出率

实际溶出率是指矿石实际溶出的氧化铝与矿石中所含氧化铝的质量的比值,用 $\eta_{实}$ 表示。实际生产中生成的赤泥量是无法直接确定的,但是氧化铁在溶出过程中会全部进入赤泥,所以可以通过氧化铁在矿石和赤泥中的质量分数来确定赤泥的产出量,从而得出实际溶出率。计算公式为:

$$\eta_{实} = \left(1 - \frac{w(Al_2O_3)_{赤}\, w(Fe_2O_3)_{矿}}{w(Al_2O_3)_{矿}\, w(Fe_2O_3)_{赤}}\right) \times 100\% \tag{3-13}$$

式中 $\eta_{实}$——铝土矿中所含 Al_2O_3 的实际溶出率,%;
$w(Al_2O_3)_{赤}$,$w(Fe_2O_3)_{赤}$——分别为赤泥中所含的 Al_2O_3 和 Fe_2O_3 的质量分数,%;
$w(Al_2O_3)_{矿}$,$w(Fe_2O_3)_{矿}$——分别为矿石中所含的 Al_2O_3 和 Fe_2O_3 的质量分数,%。

3.3.3 相对溶出率

相对溶出率是指实际溶出率与理论溶出率的比值,用 $\eta_{相}$ 表示。

由于不同铝硅比的矿石它们的理论溶出率不同，所以为了衡量不同溶出制度的效果，提出了这个指标。计算公式为：

$$\eta_{相} = \frac{\eta_{实}}{\eta_{理}} \times 100\% \tag{3-14}$$

3.4 高压溶出工艺

在工业上使用的高压溶出流程为连续溶出工艺流程。按溶出设备的不同，高压溶出流程可分为压煮器溶出流程和管道化溶出流程。压煮器溶出工艺按加热方式的不同又分为蒸汽直接加热溶出和蒸汽间接加热溶出两种流程。目前，中国氧化铝厂采用的高压溶出流程有蒸汽直接加热溶出流程和单管预热—间接加热压煮器溶出流程两种。

3.4.1 蒸汽直接加热溶出流程

用蒸汽直接加热并搅拌的高压溶出器组内，料浆是由设备系统前后的压差推动着依次在各个压煮器中从上而下地流动着。压煮器底部的矿浆则通过出料管反流向上排入下一个压煮器。蒸汽直接加热高压溶出设备流程如图 3－1 所示。

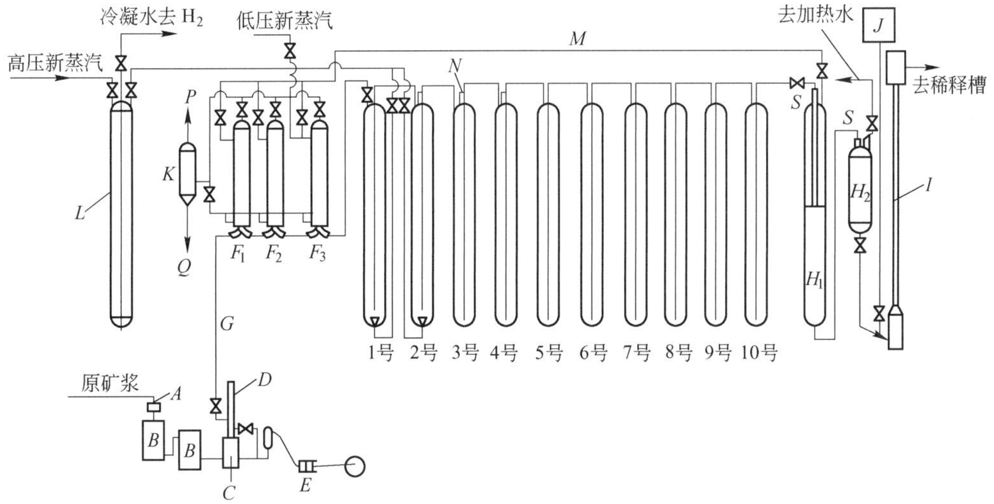

图 3－1 蒸汽直接加热高压溶出设备流程

A—原矿浆分料箱；*B*—原矿浆槽；*C*—泵进口空气室；*D*—泵出口空气室；*E*—油压泥浆泵；$F_1 \sim F_3$—双程预热器；*G*—原矿浆管道；H_1，H_2—自蒸发器；*I*—溶出矿浆缓冲器；*J*—赤泥洗液高位槽；*K*—冷凝水自蒸发器；*P*，*Q*—去加热赤泥滤液；*L*—高压蒸汽缓冲器；*N*—不凝性气体排出管；*M*—乏汽管道；*S*—减压阀；1 号，2 号—加热溶出器；3 号～10 号—反应溶出器

在进入溶出器之前，需将磨制好的原矿浆中的硅脱掉一部分，这样可减轻加热表面的结疤，延长加热器的清理周期，所以原矿浆在矿浆槽内搅拌并停留 3～4h 进行预脱硅，预脱硅效果能达 60%，然后由泥浆泵送入预热器并预热到 140～160℃后，再进入溶出器进行溶出。机组前面 1 号、2 号溶出器直接加入蒸汽将矿浆加热到溶出温度 245℃，然后顺次进入 3～10 号溶出器进行保温，完成溶出反应。溶出后的矿浆按顺序排入自蒸发器进行三级自蒸发，使溶出矿浆冷却，自蒸发产生的二次蒸汽（乏汽）送去预热矿浆，第一级、第二级自蒸发器的乏汽去第二级、第一级预热器预热原矿浆，第三级自蒸发器的乏汽去加热赤泥洗涤用

水。级数越多,回收的热量就越多。为了回收矿浆降至常压所放出的热量,将溶出矿浆在缓冲器内与赤泥洗液混合,使洗液的温度升高。

蒸汽直接加热熔出流程的特点是:

(1)由于压煮溶出器内没有机械搅拌运动部件,所以操作简便,结构简单,易于制作和维护。

(2)因为是蒸汽直接加热,新蒸汽加热矿浆后自身冷凝成水而进入料浆,使料浆在溶出一开始就稀释了很多,碱浓度被蒸汽冷凝水稀释 18% ~20% ,碱质量浓度降低了 40 ~60g/L。这不仅对溶出不利,而且加重了蒸发的负担,增加了汽耗。

(3)该流程自蒸发级数少,热回收差,矿浆的预热温度低。原矿浆的预热温度与溶出温度相差较大,其结果是增加了汽耗和稀释程度。

3.4.2　蒸汽直接加热高压溶出操作

以图 3 –1 所示的蒸汽直接加热高压溶出设备流程为例说明。

3.4.2.1　开车步骤

开车步骤为:

(1)启动时要关闭机组 3 ~10 号排汽阀(以便机内存水往后排),缓慢通汽,适当控制出料阀门,慢慢地进行升温提压,预热到 0.5MPa 的压力时,检查并拧紧各部分的螺栓,然后关闭出料阀门,继续升温提压。

(2)预热到压力 2MPa 时,打开排汽阀和微启出料阀,排不凝性气体,检查出料系统是否畅通,然后再关闭出料阀门,继续升温提压至工作压力。全部预热时间:冬季约 3 ~4h,夏季约 2 ~3h。

(3)预热完毕后,将进料系统的阀门应开的打开,应关的关闭,然后通知进料泵岗位操作人员可以进料。

(4)当料进至溶出器后,适当增大通汽量,并注意机内温度,防止超压。溶出器装满程度大约为 80% 时,便可打开出料阀出料,调整针型阀,控制进、出料平衡。

(5)自蒸发器应根据机组压力适当地打开排汽阀阀门进行排汽。

3.4.2.2　停车步骤

停车步骤为:

(1)停车时首先通知泵工停止进料,然后再停止预热器的通汽,再关闭溶出器进料阀门,关闭溶出机组排汽阀;

(2)以保持温度和不堵喷头为原则来降低蒸汽压力;

(3)保持正常出料速度将机内矿浆出空,出料过程中 1 号溶出器内的压力必须高于 2 号溶出器;

(4)当机组压力降到零时,开大蒸汽阀门吹净机内存料后,关闭出料阀门;

(5)预热器放料,并用高压水冲洗。

3.4.2.3　操作时的注意事项

操作时的注意事项为:

(1)新安装或大修后的溶出器机组需经1.5倍的工作压力的水压试验合格后方可投产;
(2)要控制进出料的平衡,稳定机组压力;
(3)定时检查并活动出料针型阀;
(4)控制好不凝性气体的排放,进行满罐操作;
(5)溶出时间控制在2h,以增加氧化铝的溶出率。

3.4.3 一水硬铝石直接加热高压溶出技术条件

中国某企业对一水硬铝石直接加热的技术条件控制为:
(1)矿浆预热温度两级预热不低于150℃;
(2)1号加热溶出器压力为2.8~2.9MPa;
(3)3号保温溶出器温度控制在240~245℃;
(4)溶出时间不低于2h;
(5)首号到末号溶出器之间压力差不大于0.2MPa;
(6)蒸汽缓冲器压力为3.1~3.3MPa;
(7)一级自蒸发器压力为1.5~1.8MPa,二级自蒸发器压力为(1.00±0.20)MPa,三级自蒸发器压力为0.08~0.1MPa;
(8)预热器冷凝水含碱小于0.5g/L;
(9)溶出液的苛性比值不大于1.58。

3.4.4 溶出常见故障发生的原因与处理的方法

3.4.4.1 预热器冷凝水带碱

预热器冷凝水带碱故障发生的原因是:
(1)自蒸发器排汽时,气液分离不好带料,造成冷凝水带碱;
(2)预热器加热管磨破,矿浆窜入冷凝水里。
预热器冷凝水带碱故障处理的方法是:
(1)自蒸发排汽时带碱,应检查套管是否磨破或自蒸发器压力是否过高;
(2)加热管磨破,冷凝水带碱时,应停车处理,流程中启用备用冷凝器。

3.4.4.2 溶出器通汽管堵塞

溶出器通汽管堵塞故障发生的原因是:
(1)停车时料未出尽;
(2)1号、2号溶出器汽量分配不均,汽量小的堵塞;
(3)缓冲器与1号、2号溶出器的压差太小,倒料引起堵管。
溶出器通汽管堵塞故障处理的方法是:
(1)提高蒸汽缓冲器压力,增大与溶出机组的压力差,交替开大1号、2号通汽阀门;
(2)采用上述措施如果无效,则停车处理。

3.4.4.3 溶出器振动

溶出器振动故障发生的原因是:溶出温度太高,使矿浆蒸汽压等于机内压力,矿浆沸腾。

溶出器振动故障处理的方法是:减少通汽量,降低矿浆温度。

3.4.4.4　溶出温度显著下降

溶出温度显著下降故障发生的原因是:
(1)机组压力一定时,循环母液碱浓度降低会导致溶出温度显著下降;
(2)机组压力一定时,通汽压力减小,通汽量不足会导致溶出温度显著下降;
(3)进出料不平衡。
溶出温度显著下降故障处理的方法是:
(1)通知蒸发工序,提高蒸发水量;
(2)按溶出器通汽管堵塞时的处理方法进行处理;
(3)控制进出料的平衡。

3.5　管道化溶出

3.5.1　管道化溶出流程

我国目前用于生产的管道化溶出技术是从法国引进的单管预热—间接加热压煮器溶出系统,其流程如图 3 - 2 所示。

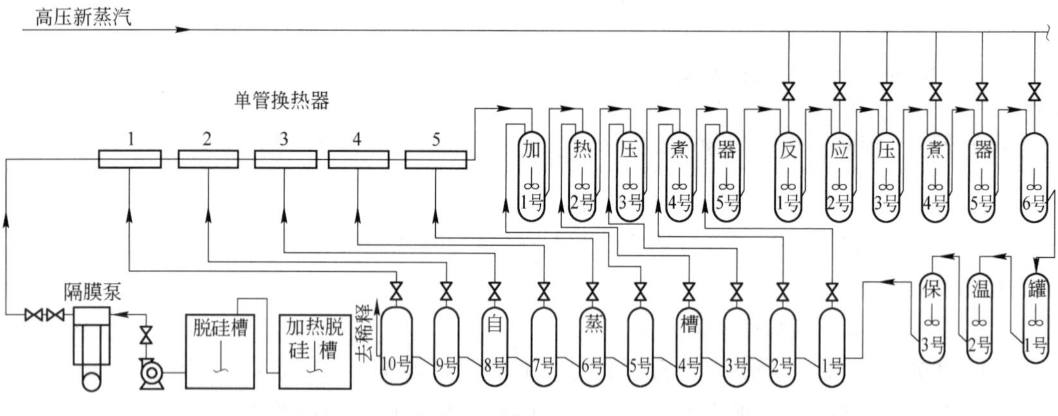

图 3 - 2　单管预热—间接加热压煮器溶出流程

固含为 300 ~ 400g/L 的矿浆在加热槽中从 70℃加热到 100℃。再在预脱硅槽中常压脱硅 4 ~ 8h。预脱硅后的矿浆配入适量碱,使固含达 200g/L,温度为 90 ~ 100℃,用高压隔膜泵送入 5 级长 2400m 的单管加热器,用 10 级矿浆自蒸发器的前 5 级产生的二次蒸汽加热,矿浆温度提高到 155℃。然后进入 5 台加热压煮器,用后 5 级矿浆自蒸发器产生的二次蒸汽加热到 220℃,再在 6 台反应压煮器中用 6MPa 高压新蒸汽加热到溶出温度 260℃,然后在 3 台保温罐中保温反应 45 ~ 60min。高温溶出浆液经 10 级自蒸发,温度降到 130℃后送入稀释槽。

3.5.2　管道化溶出的主要技术条件

管道化溶出的主要技术条件是:
(1)流量为 $450m^3/h$;
(2)溶出温度为 260℃;

(3)碱液质量浓度 $\rho(Na_2O)$ 为 225 ~ 235g/L;

(4)溶出温度下的停留时间为 45 ~ 60min;

(5)溶出液苛性比值 α_K 为 1.46;

(6)氧化铝的相对溶出率为 93%。

3.6 结疤的清理

由于在溶出过程中有铝土矿中的二氧化硅生成含水铝硅酸钠和二氧化钛生成钛酸钙的反应,这些反应的进行会在加热管壁上形成结疤,使热交换效率降低。所以,高压溶出时结疤的清理是保证溶出过程顺利进行的必要工作。

3.6.1 结疤的成分

结疤的成分随着温度的不同而不同。温度在 160℃ 以下时,管壁上的结疤主要是钠硅渣和少量的钙钛渣;温度在 160 ~ 220℃ 时,管壁上的结疤主要是钙钛渣及少量的钠硅渣;温度在 220 ~ 280℃ 时,管壁上的结疤有钙钛渣、钠硅渣、磷酸钙和赤铁矿。保温段管壁上的结疤有磷酸钙、赤铁矿、钙钛渣和钠硅渣。

3.6.2 结疤的清理方法

清除结疤的方法有机械清理、火焰清理、高压水清洗和酸洗等方法。

机械清理用风动硬质合金钻头进行,钻头中间可以通水同时冲洗,它是用 10 ~ 100MPa 的高压水冲碎结疤使结疤脱落。

火焰清理是骤然加热管道,使结疤中的水合物急剧脱水爆裂脱落,再用清水冲洗。

酸洗是用混合酸清洗结疤。不同的结疤有不同的酸洗方法,具体为:

(1)一般的结疤可用 5% ~ 15% 的 H_2SO_4 或 10% HCl 清洗。

(2)在处理含钛酸钙的结疤时,酸中应添加 1.5% ~ 2.5% HF。为避免 HF 的毒性,可以用 NaF 来代替,此时应延长清洗时间。为防止设备被酸腐蚀,酸洗温度不宜过高,应不超过 75℃,并加入用量为酸液量 0.8% ~ 1.0% 的苦丁作缓蚀剂,利用酸泵将酸在要清洗的设备和酸槽循环流动,经过 90 ~ 300min 便可使结疤溶解脱落,然后再用清水冲洗。

(3)原矿浆由 100℃ 升温到 150℃ 时,在预热器内所生成的结疤用草酸加磷酸的混合酸进行清洗效果较好。

(4)原矿浆由 180℃ 加热到 220℃ 时,所生成的结疤用盐酸、草酸和氢氟酸的混合酸进行清洗效果较好。

(5)对于致密的含钛酸钙的高温结疤,需先经酸洗再用高压水冲洗才能奏效。如中国广西平果矿、河南矿和山西矿在高温溶出时的结疤主要是钠硅渣和钛渣,采用酸洗和高压水清洗结合的方法很容易将结疤清除,酸洗液配方为 10% ~ 15% 的 H_2SO_4、4% ~ 8% 的缓蚀剂、催化剂 2% ~ 6%,温度为 20 ~ 40℃,酸洗后用高压水冲洗一遍。

4 赤泥的分离和洗涤

4.1 赤泥分离和洗涤的目的及步骤

拜耳法生产氧化铝，经高压溶出产出的溶出矿浆是由铝酸钠溶液和赤泥组成的。为了获得符合晶种分解所要求的纯净铝酸钠溶液，必须将铝酸钠溶液和赤泥分离。分离的目的是尽可能减少氧化铝和氧化钠的化学损失，得到粗制的铝酸钠溶液——粗液；分离后的赤泥用热水洗涤，以减少氧化铝和氧化钠的机械损失。

拜耳法赤泥分离和洗涤的主要步骤有以下 5 个：

(1)赤泥稀释。高压溶出的压煮矿浆用一次和二次赤泥洗液稀释，以满足赤泥沉降分离、种分对溶液浓度和纯度的要求。

(2)赤泥的沉降分离。稀释后的赤泥浆液送入沉降槽进行赤泥的分离洗涤。

(3)粗液精制。从分离沉降槽溢流出来的含浮游物微粒的铝酸钠溶液即粗液，在进入种分工序之前进叶滤机过滤产出精制铝酸钠溶液。

(4)赤泥的反向洗涤。沉降分离后的赤泥一般要进行 4 ~ 8 次反向洗涤，回收附液中的氧化铝和氧化钠。

(5)赤泥的浓缩过滤。洗涤沉降槽的末次底流送过滤机进行浓缩分离，进一步回收赤泥附液中的氧化铝和氧化钠。

目前，用于赤泥分离和洗涤的主要设备有稀释工序的稀释槽，赤泥分离及洗涤工序的赤泥分离沉降槽、赤泥洗涤沉降槽，叶滤工序的叶滤机和泵等。

4.2 赤泥分离和洗涤的基本流程

把溶出工序送来的溶出浆和赤泥洗液一起加入稀释槽内，用赤泥洗液作为稀释剂进行稀释，边搅拌边降低铝酸钠溶液浓度。稀释后的赤泥浆加入赤泥分离沉降槽内沉降分离；沉降分离后溢流，因含有浮游物送叶滤工序精制，净化后的滤液称为精液，送晶种分解工序；底流用热水在洗涤沉降槽内多次反向洗涤，具体过程是：分离沉降的底流进 1 号水力混合槽与二次洗液混合后送一次洗涤沉降槽，一次洗涤底流进 2 号水力混合槽与三次洗液混合后送二次洗涤沉降槽，二次洗涤底流进 3 号水力混合槽与四次洗液混合后送三次洗涤沉降槽，以此类推，可以进行 4 ~ 8 次洗涤。最后，末次底流在脱钠槽中与加入的石灰乳作用，进一步回收氧化钠。

回收赤泥挟带着大量铝酸钠溶液，因此不能直接废弃。生产实践中，采取一次洗涤沉降槽的赤泥洗液送稀释工序稀释溶出浆，末次洗涤沉降槽的弃赤泥送赤泥堆场。赤泥分离和洗涤流程如图 4 – 1 所示。

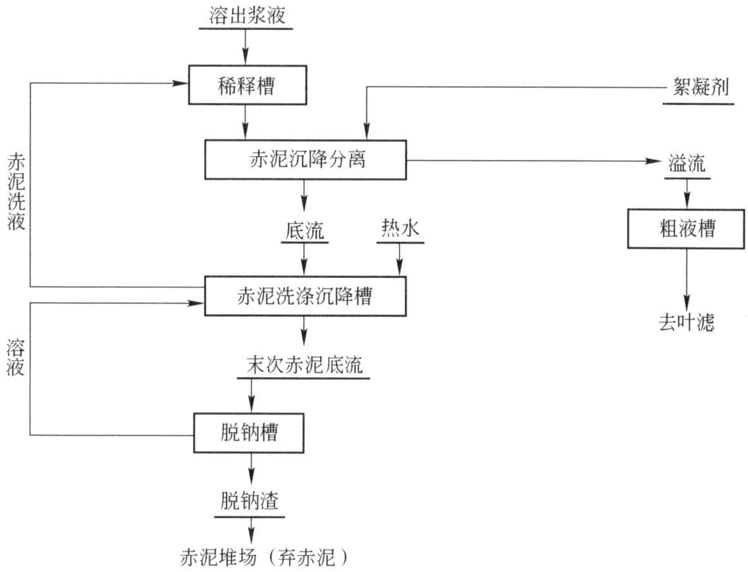

图4-1 赤泥分离和洗涤流程

4.3 赤泥分离和洗涤的工艺

4.3.1 稀释

稀释是用一次赤泥洗液将溶出的料浆在稀释槽中稀释。用赤泥洗液作稀释液的原因是:赤泥洗液所含氧化铝数量约为铝土矿所含氧化铝数量的1/4左右,并含有相当数量的碱,是必须回收的,但赤泥洗液的浓度太低(氧化铝的质量浓度为40g/L左右),如果单独分解,则晶种分解槽的生产率会很低,所以要用赤泥洗液来稀释溶出料浆,既能达到稀释目的,也回收了洗液中的氧化铝和氧化钠。

稀释的目的是:

(1)降低铝酸钠溶液浓度,有利于晶种分解。溶出后的铝酸钠溶液中氧化铝的质量浓度约260g/L。这样高浓度的铝酸钠溶液稳定性好,不宜直接进行晶种分解,必须稀释到中等浓度(稀释溶液的氧化铝质量浓度:三水铝石型铝土矿为100~110g/L,一水铝石型铝土矿为125~145g/L),降低其稳定性,才可加快晶种分解速度和提高分解槽产能。

(2)铝酸钠溶液再脱硅。溶出矿浆的硅量指数低(170左右)的铝酸钠溶液进行晶种分解时,二氧化硅以含水铝硅酸钠与氢氧化铝一起析出,造成氧化铝含硅、钠量增大。赤泥浆稀释后氧化铝浓度降低,则平衡的二氧化硅浓度也相应降低,其硅量指数增加(大于300),在晶种分解条件时,二氧化硅不会以含水铝硅酸钠与氢氧化铝同时析出。在稀释过程中,二氧化硅以含水铝硅酸钠析出进入赤泥,完成再脱硅过程。

(3)回收赤泥洗液中的氧化铝和氧化钠。赤泥浆沉降分离后的底流挟带着大量的铝酸钠溶液,用热水洗涤赤泥,可回收被赤泥带走的铝酸钠溶液。赤泥洗液中氧化铝质量浓度一般为30~60g/L。生产上用赤泥洗液稀释赤泥浆,既降低了溶出液的浓度,又达到回收赤泥洗液中氧化铝和氧化钠的目的。

(4)便于赤泥分离。稀释溶出矿浆,使其浓度、密度和黏度都相应下降,可使赤泥颗粒沉降终速增大,加快赤泥与溶液的分离,并可提高分离沉降槽的产能。

(5)有利于分离沉降槽稳定操作。用赤泥洗液稀释赤泥浆并搅拌均匀,可减小稀释赤泥浆成分波动幅度,其密度较为稳定,有利于分离沉降槽的稳定操作。

4.3.2　稀释矿浆的分离

在工业生产中,稀释的赤泥浆是由铝酸钠溶液和赤泥微粒所组成的悬浮液。通常采用沉降槽分离和洗涤赤泥,将悬浮液中的固相赤泥与铝酸钠溶液分离,得到铝酸钠粗液。

在氧化铝生产中,赤泥的分离和洗涤通常都是采用沉降方法进行的。因此,赤泥的沉降和压缩性能对沉降槽的产能和洗涤用水量都有很大影响。

赤泥的沉降性能用赤泥颗粒沉降终速来表示。沉降终速是指赤泥颗粒在单位时间内相对静止的铝酸钠溶液中所沉降的垂直距离,生产规定以 10min 或 5min 的沉降速度为参考。即以 100mL 量筒取满赤泥浆液,沉降 10min 或 5min 后观察清液层高度,作为赤泥的沉降速度。记为 mm/10min 或 mm/5min。赤泥沉降性能好,可提高沉降槽的产能。

赤泥压缩性能用沉淀层的液固比来表示。从出现沉淀层的液固比到达一定压缩的液固比所需要的时间越短,赤泥压缩性能越好。赤泥压缩性能好,可降低底流的液固比,从而减少赤泥挟带的铝酸钠溶液量。

影响拜耳法赤泥沉降和压缩性能的因素是:

(1)赤泥颗粒细度。赤泥颗粒细度越小,赤泥的沉降和压缩性能越坏,因此沉降槽的产能越少。

(2)铝土矿石组成。铝土矿石杂质矿物蛋白石、高岭石、黄铁矿、胶黄铁矿和针铁矿等具有亲水性,都能降低赤泥沉降终速,使赤泥沉降和压缩性能较差。赤铁矿、菱铁矿、磁铁矿、锐钛矿和石英等因具有憎水性,都可增大赤泥沉降终速,其赤泥沉降和压缩性能较好。

(3)赤泥浆温度。赤泥浆温度提高,其密度及黏度降低,有利于增大赤泥颗粒沉降终速,赤泥沉降性能变好。此外,提高赤泥浆温度,铝酸钠溶液稳定性增加,减少铝酸钠溶液水解而造成氧化铝损失,所以赤泥浆分离过程的温度一般不低于 95℃。

(4)铝酸钠溶液浓度。稀释后赤泥铝酸钠溶液浓度越高,其密度和黏度也越大,赤泥颗粒沉降终速则越小。

(5)溶出温度的影响。在高温下(>260℃),高岭石溶出和脱硅生成结晶良好的含水铝硅酸钠,针铁矿转变为稳定的赤铁矿,不再重新水化的缘故。所以,提高溶出温度时,赤泥沉降性能会变好。

(6)絮凝剂。赤泥沉降过程中添加絮凝剂,使处于分散状态的细小赤泥颗粒互相联合成团,粒径增大,沉降终速增大,因而赤泥沉降性能变好。絮凝剂有天然产的高分子絮凝剂和人工合成的高分子絮凝剂。天然高分子絮凝剂有面粉、麦麸、土豆、淀粉、土茯苓粉、青杠籽粉等。面粉添加量为 0.4 ~ 1.6kg/t(干赤泥);麦麸添加量为 1.5kg/t(干赤泥)。人工合成高分子絮凝剂有聚丙烯酚胺等。

4.3.3　赤泥洗涤

赤洗泥涤的目的是用热水洗涤赤泥以回收赤泥附液带走的有用成分——碱和氧化铝。洗涤赤泥后的洗液去稀释溶出矿浆。赤泥洗涤流程如图 4 - 2 所示。

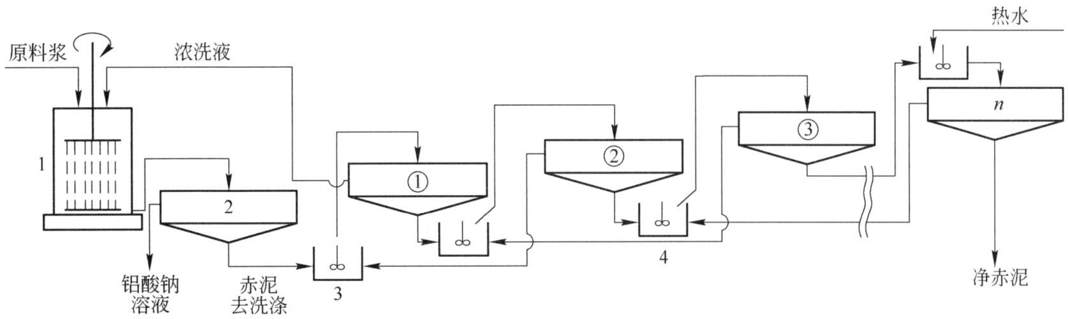

图 4－2　赤泥洗涤流程

1—稀释槽;2—沉降槽;3—混合槽;4— ①～n—洗涤槽

赤泥洗涤采用多次反向洗涤流程,回收赤泥挟带着大量铝酸钠溶液。一次洗涤沉降槽的赤泥洗液送稀释工序稀释溶出浆,末次洗涤沉降槽的弃赤泥送赤泥堆场。反向洗涤既可节约用水,又可提高洗液浓度。洗涤次数越多,有用成分的损失就越少,但这样会对蒸发工段造成更大的负担,要蒸发更多的水。洗涤次数根据实际确定,一般洗 5～8 次。

4.3.4　粗液精制

赤泥分离沉降槽溢流铝酸钠溶液因含有浮游物约 0.2g/L,因此称为粗液。若用粗液进行晶种分解,浮游物将随着氢氧化铝一起析出,将降低氧化铝质量。因此,粗液需要精制,把浮游物的质量浓度降至 0.02g/L 以下。把粗液送入叶滤机内强制分离浮游物,滤饼经洗涤后随弃赤泥送赤泥堆场,净化后的滤液称为精液,送晶种分解工序。

4.4　赤泥分离和洗涤的设备

赤泥分离和洗涤的设备主要是沉降槽、过滤机等液固分离设备。

沉降槽结构如图 4－3 所示。叶滤机结构如图 4－4 所示。

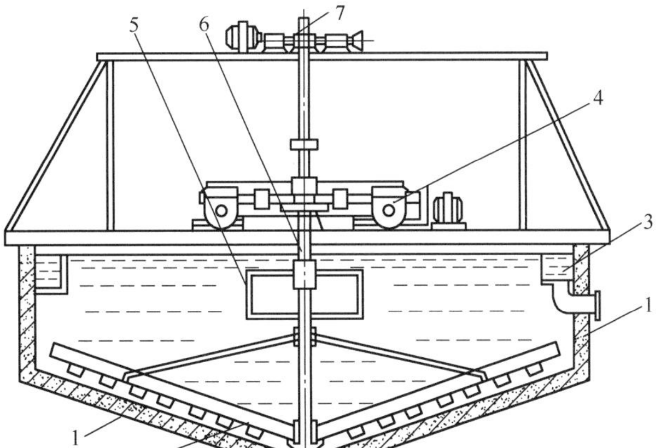

图 4－3　沉降槽结构

1—槽体;2—耙臂;3—溢流沟;4—传动装置;5—缓冲圆筒;6—中心轴;7—提升装置

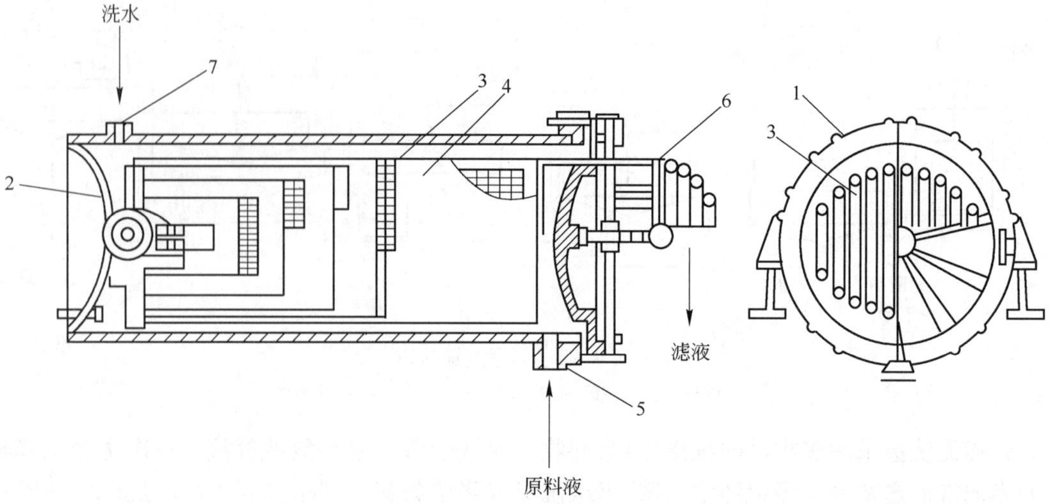

图 4 - 4　叶滤机结构

1—压滤筒;2—端部顶盖;3—叶片;4—滤布;5—料液进口;6—滤液导管;7—洗水入口

4.5　赤泥分离和洗涤设备的操作

4.5.1　沉降槽的操作

4.5.1.1　沉降槽的开车

沉降槽开车的顺序是:

(1)开车前要检查槽内有无杂物,耙机运行是否正常,并降低耙机到槽底但不能接触到槽底面,检查安全装置和仪表仪器是否完好正常;

(2)先试空车,注意各个装置是否正常;

(3)正常后关闭底流旋塞阀,并开始进料;

(4)开启耙机,并适当拉底流;

(5)各项技术条件逐步调节至正常;

(6)加入絮凝剂溶液。

4.5.1.2　沉降槽的停车

沉降槽停车的顺序是:

(1)先停止进料,关闭絮凝剂阀门;

(2)拉清槽内矿浆;

(3)停止耙机运行。

4.5.1.3　沉降槽正常操作

沉降槽正常操作时要注意:

(1)定时检测进料液固比、密度以及沉降速度等,掌握赤泥浆液沉降性能的变化;

(2)定时测量上层清液带高度,结合底流液固比情况,调节底流排出量,防止槽内积泥

或拉空,保持底流液固比合格;

(3)控制沉降矿浆的温度和防止跑浑,分离温度不应低于98℃;

(4)经常观察絮凝剂的来料量,防止断料。

4.5.1.4 沉降槽注意事项

沉降槽的注意事项有:

(1)为了使进、出料相等且均匀,给料泵上料需连续均匀,控制沉降槽进入和排出的赤泥量基本相同;

(2)应经常及时地检查底流液固比,保持上层清液带的高度;

(3)不能用拉大底流的方法调整液面高低和溢流。

4.5.2 沉降槽常见故障发生的原因与处理的方法

4.5.2.1 跑浑

跑浑指溢流浑浊不清,赤泥沉降不下去。

跑浑故障发生的原因是:

(1)槽内积泥过多,清液层深度过薄;

(2)絮凝剂添加量小,赤泥微小颗粒不能聚集成大颗粒下沉;

(3)温度太低,浆液黏度过大,赤泥颗粒下降速度慢;

(4)进料液固比太小,浆液液固两相分层不清;

(5)赤泥粒度过细,造成赤泥沉降性能变差。

跑浑故障处理的方法是:

(1)拉大底流,增加赤泥排出量,1h 后未见效果,则停止进料继续处理;

(2)增加絮凝剂添加量;

(3)提高溶出浆液的温度;

(4)提高进料液固比;

(5)磨矿时控制赤泥粒度不要过细,提高沉降性能,并适当减产。

4.5.2.2 沉降槽内积泥

沉降槽内积泥故障发生的原因是:

(1)底流液固比过小,赤泥流动性差,流出量少;

(2)底流堵塞,赤泥沉降层过高;

(3)进料浓度过高,液相黏度过大,分层不清。

沉降槽内积泥故障处理的方法是:

(1)拉大底流;

(2)迅速处理底流口,使之畅通;

(3)加大洗液配入量。

4.5.3 叶滤机的操作

叶滤机为间断操作,每一周期的操作包括挂布、装车、进料叶滤、放料、卸泥、刷车。

(1)挂布。过滤介质是工业绸或丙纶布。首先将布挂在滤片上,拉直铺平并扎牢。

(2)装车。将挂好布的滤片挂在滤片架上,把滤片架送入滤筒内,然后压好顶盖。

(3)进料叶滤。进料过滤时,检查滤液浮游物的含量,有不合格的滤液时打循环,合格后放入精液储槽。在叶滤过程中,压力不能波动太大,工作压力应随着滤渣层增厚而平稳地上升,不能下降,最终控制在0.4~0.5MPa。当滤液量大大减少,增加机内压力仍不能增加滤液量,或者随着压力增高滤液量虽有所增加,但滤液浮游物也增高时,这说明过滤阻力已很大,就应该结束过滤。

(4)放料。停止进料后,将机内存料放回粗液槽内。

(5)卸泥、刷车。先盘车将机头拉出少许,之后再开电动机将滤片从机内拉出,用热水将滤渣刷下,再冲洗滤布,使布眼畅通。

以上各作业完毕后,装好车以待再次开车。

叶滤机操作时的注意事项是:

(1)应按时对每个转动设备进行加油;

(2)链条和链轮每次卸泥后应进行清洗;

(3)每次刷泥后,滤片和滤筒必须洗刷干净;

(4)所有阀门、旋塞阀应经常活动,保持灵活好用;

(5)机头的垫子失效时,应及时更换,以免发生漏料现象;

(6)滤片堵塞时,应及时更换,以免阻力过大,影响产量;

(7)卸泥时不应用力敲打滤片,以免将滤片打破。

4.6　赤泥附液损失及洗涤效率

4.6.1　附液损失

在氧化铝生产中,随赤泥附液带走的碱(或氧化铝)损失称为附液损失。计算公式为:

$$m(Al_2O_3)_{附损} = m(Al_2O_3) \times L/S \tag{4-1}$$

$$m(Na_2O)_{附损} = \rho(NT) \times L/S \tag{4-2}$$

式中　$m(Al_2O_3)_{附损}$——每吨弃赤泥附液带走的 Al_2O_3 的质量,kg;

$m(Na_2O)_{附损}$——每吨弃赤泥附液带走的 Na_2O 的质量,kg;

$m(Al_2O_3)$——每吨弃赤泥附液带走的 Al_2O_3 的质量,kg;

$\rho(NT)$——弃赤泥附液中全碱(NT)的质量浓度,kg/m^3;

L/S——弃赤泥的液固比(质量比)。

4.6.2　洗涤效率

洗涤效率是指一批赤泥经过洗涤后回收的碱量占该批赤泥总碱量的百分数。用下式表示:

$$\eta = \left(1 - \frac{m(Na_2O)}{m(NT)}\right) \times 100\% \tag{4-3}$$

式中　$m(Na_2O)$——每吨弃赤泥附液带走的 Na_2O 的质量,kg;

$m(NT)$——每吨赤泥进入洗涤系统时带入的总碱质量,kg。

5 铝酸钠溶液的晶种分解

5.1 铝酸钠溶液晶种分解的过程及影响因素

5.1.1 晶种分解及其产品——氢氧化铝的品质要求

晶种分解就是将制备好的铝酸钠溶液降温，并在加入氢氧化铝作为晶种的条件下进行搅拌，使铝酸钠溶液中析出氢氧化铝的过程，简称种分。种分是拜耳法生产氧化铝的关键工序之一，它对最终产品——氧化铝的产量、质量以及全厂的技术经济指标都有着重要的影响。

在晶种分解过程中除了能得到氢氧化铝，同时也能得到苛性比值较高的种分母液，此母液可作为溶出铝土矿的循环母液，从而构成拜耳法生产氧化铝的闭路循环。

铝酸钠溶液的晶种分解工艺流程如图 5－1 所示。其基本过程为：上步赤泥洗涤单元过程中叶滤机出来的精液经冷却后，送入晶种分解槽，加入晶种进行搅拌分解，所得的氢氧化铝一部分返回作为种分过程的晶种，其余部分则经洗涤制得合格的氢氧化铝；而分离所得的种分母液经蒸发浓缩后送配料；洗液送赤泥洗涤。

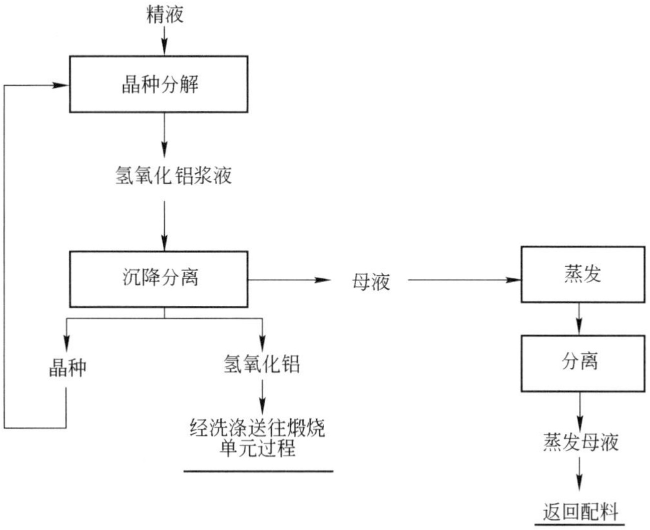

图 5－1　铝酸钠溶液的晶种分解工艺流程

从图 5－1 可以看出，本单元过程的主要中间产物是氢氧化铝，它将送往下一个单元过程生产氧化铝，因此其品质将决定最终产品氧化铝的品质。通常氢氧化铝的品质是指氢氧化铝的纯度和粒度。

(1)氢氧化铝的纯度。对于氢氧化铝纯度的要求是指氢氧化铝产品中二氧化硅、氧化铁、氧化钠等杂质含量不能超过一定的限度。要有效地控制杂质含量,就必须了解其来源及存在形式。

氧化铁的来源主要是浮游物。

二氧化硅的来源有两个途径,一个是浮游物黏附在氢氧化铝产品中;另一个是分解过程的脱硅反应。一般情况下,只要控制好粗液精制的技术条件,使分解精液的浮游物含量在0.02g/L以下,二氧化硅和氧化铁在氢氧化铝产品中的含量就能达到要求。

氧化钠的存在有4种形式:

1)附着碱,指析出的氢氧化铝颗粒所挟带母液中的碱和附着于氢氧化铝颗粒表面的碱;

2)晶间碱,在氢氧化铝结晶集合体孔隙中包裹的母液所带的碱;

3)化合碱,以含水铝硅酸钠形式存在于氢氧化铝晶体中的碱;

4)晶格碱,取代氢氧化铝中的氢离子而进入氢氧化铝晶格中的碱。

第一种碱通过洗涤容易洗去,后三种碱则不易洗掉。但是氢氧化铝晶体中的晶间碱和晶格碱含量少,化合碱在分解过程中脱硅反应不明显时也比较少。所以,通过严格洗涤,氢氧化铝产品中氧化钠含量是能够达到要求的。

工业控制氢氧化铝晶体中:$w(Fe_2O_3)<0.05\%$;$w(SiO_2)<0.01\%$;$w(Na_2O)<0.6\%$。

(2)氢氧化铝的粒度。氢氧化铝的粒度控制是晶种分解过程中的主要任务。控制不同的生产条件,可以生产出砂状氧化铝、中间状氧化铝或粉状氧化铝三种产品,生产要求氧化铝粒度最低不小于40μm。因为如果氢氧化铝粒度过细,则沉降速度慢,沉降槽易跑浑,过滤也困难,会使氢氧化铝晶体的沉降、过滤和洗涤效果降低。同时,细颗粒氢氧化铝的比表面较大,吸附碱液和杂质较多,为了洗掉其附着碱和杂质,必须增加用水量,因而又将增加后续蒸发工序的负担,但如果想保持洗涤用水量不变,则所得氢氧化铝的碱含量增高,这不仅增加碱耗,且会使焙烧后的氧化铝碱含量过高,影响电解技术经济指标的提高,此外,细颗粒的氢氧化铝无论是在焙烧、输送或是在电解过程中的飞扬损失都将增加。所以,在晶种分解过程中,控制产品质量主要是保证分解产物具有所要求的粒度分布。

5.1.2 晶种分解的基本原理

晶种分解的基本原理可以从化学过程和物理过程两个方面进行描述。

5.1.2.1 晶种分解的化学过程

在氧化铝生产中,溶出是使矿石里的氧化铝溶解于碱液中而制得铝酸钠溶液。而分解却是将铝酸钠溶液中的氧化铝以氢氧化铝结晶形式析出的过程,其化学反应式为:

$$NaAl(OH)_4 \rightleftharpoons Al(OH)_3 + NaOH$$

这是一个可逆反应:

(1)当反应条件控制在高温、高苛性比和高碱浓度条件下,反应便向左进行,得到铝酸钠溶液,这就是铝土矿的溶出过程;

(2)反之,控制在低温、低苛性比和低碱浓度条件下,反应便向右进行,过饱和的铝酸钠溶液将结晶析出氢氧化铝,并得到苛性碱(母液)。

晶种分解所要控制的条件就是要使上述反应不断向右进行。

5.1.2.2 晶种分解的物理过程

过饱和的铝酸钠溶液分解析出氢氧化铝晶体的化学过程并不复杂，除此之外物理因素也对种分过程产生一定影响。物理过程基本上可分为4个步骤：氢氧化铝晶核的形成、氢氧化铝晶体的长大、氢氧化铝晶体的破裂和氢氧化铝晶体的附聚。

(1)氢氧化铝晶核的形成。氢氧化铝晶核的形成有自发成核及二次成核两种情况。

1)自发成核。叶滤后的铝酸钠溶液中氧化铝质量浓度为120～145g/L，苛性比为1.48～1.7，这是一种处于过饱和状态的亚稳溶液，它在不外加晶种和不搅拌的情况下虽然也能自发分解析出氢氧化铝，但是需要很长时间，这对工业生产来说并不实际。

2)二次成核。当分解温度低、晶种颗粒小、分解精液的过饱和度高时，生成的晶核表面粗糙，会长成向外突出的细小枝晶，当颗粒相互碰撞或在流体的作用下，这些细小枝晶便脱离母晶进入溶液中，成为新的晶核，这种成核方式就是二次成核。二次成核越多，则分解析出的氢氧化铝粒度越细。

在生产中，为了加快分解过程，通过人为地向分解精液中添加氢氧化铝作为晶种来避开晶核的自发生成过程，使氢氧化铝直接在晶种表面分解析出，以提高分解速度；同时也通过控制晶体长大的速度来减少二次成核的数量。两种措施都能使析出的氢氧化铝晶体粒度变大。

(2)氢氧化铝晶体的长大。氢氧化铝晶体长大的速度取决于分解条件：分解温度高和分解精液的过饱和度高均有利于晶体长大。但为了减少二次成核，减缓结晶长大的速度，生产上通过提高分解温度和保持分解精液过饱和度适宜的方法，来使结晶的长大缓慢均匀，以减少枝晶的生成，使晶体颗粒粗、强度高。

(3)氢氧化铝晶体的破裂。氢氧化铝晶体的破裂是指氢氧化铝晶体颗粒之间的碰撞以及颗粒与槽壁、搅拌器之间的碰撞使结晶体破裂的现象。氢氧化铝的破裂越多，氢氧化铝晶体的粒度越细小。

(4)氢氧化铝晶体的附聚。氢氧化铝晶体的附聚是指一些细小的晶粒互相依附并黏结成为一个较大晶体的过程。氢氧化铝晶体颗粒的附聚可分为2个步骤：

1)细颗粒晶体互相碰撞，其中一些结合成松散的絮团，但其机械强度小，容易重新分裂。

2)絮团在未分裂时，由于溶液新分解出来的氢氧化铝晶体起到了“黏结剂”的作用，它将絮团中的各个晶粒胶结在一起，形成了坚实的附聚物。当分解精液过饱和度大和分解温度高时，有利于附聚。

因此，工业上为了得到颗粒较粗的氢氧化铝晶体，分解时就应尽量减弱氢氧化铝晶体的二次成核和破裂两个步骤，控制条件加强氢氧化铝晶体的均匀长大和附聚两个步骤，所以提高分解温度，使分解精液过饱和度适宜，是得到颗粒较粗的氢氧化铝晶体的有效方法。

5.1.3 晶种分解的技术经济指标

5.1.3.1 种分分解率

种分分解率η是指铝酸钠溶液中分解析出的氢氧化铝中所含氧化铝数量占精液中所

含氧化铝数量的百分数。

实际生产中，常用溶液分解前后的苛性比来计算：

$$\eta = \left(1 - \frac{\alpha_{K精}}{\alpha_{K母}}\right) \times 100\% \tag{5-1}$$

式中　η——种分分解率，%；

$\alpha_{K精}$——分解原液（精液）的苛性比；

$\alpha_{K母}$——分解母液的苛性比。

由式5-1可知，当精液苛性比一定时，母液苛性比越高，种分分解率就越高。

5.1.3.2　分解槽的单位产能

分解槽的单位产能 Q 是指每昼夜从 $1m^3$ 铝酸钠溶液中分解出来的氧化铝数量。计算公式为：

$$Q = 24 \times \frac{\rho(Al_2O_3)_{精}\,\eta}{\tau} \tag{5-2}$$

式中　Q——分解槽单位产能，$kg/(m^3 \cdot d)$；

$\rho(Al_2O_3)_{精}$——分解原液（精液）中所含 Al_2O_3 的质量浓度，kg/m^3；

τ——分解时间，h；

$\rho(Al_2O_3)_{精}\,\eta$——$1m^3$ 分解精液在 τ 时间内分解得到的 Al_2O_3 质量，kg/m^3；

$\frac{\rho(Al_2O_3)_{精}\,\eta}{\tau}$——$1m^3$ 分解精液1h内分解得到的 Al_2O_3 质量，$kg/(m^3 \cdot h)$。

从式5-2可知，精液中 Al_2O_3 浓度越高，分解槽的单位产能就越大。但由于 Al_2O_3 浓度高，溶液的稳定性增加，在一定的时间内，种分分解率相对降低，这又对分解槽的单位产能不利。所以铝酸钠溶液中 Al_2O_3 的浓度要适当。

另外，若缩短分解时间，则有利于设备产能的提高，分解母液的苛性比降低，必然又影响到高压溶出器产能的下降。因此，工业上控制循环母液的 α_K 值为3.4~3.5。

5.1.4　影响晶种分解的主要因素

为了使晶种分解既能满足分解速度和分解率的要求，又能满足氢氧化铝晶体粒度的要求，就要对影响晶种分解的各个因素做分析，来确定合适的操作条件，影响晶种分解的主要因素有以下几个：

（1）分解精液苛性比的影响。在工业生产允许的浓度范围内，任何铝酸钠溶液的苛性比较其在一定温度下平衡的苛性比小，其过饱和的程度越大，自发分解的倾向也就越大。因此，铝酸钠溶液的苛性比越小，在其他条件相同时，铝酸钠溶液的分解率和槽产能也就越高。降低分解精液的苛性比是强化晶种分解的主要途径。

但是，降低分解精液的苛性比虽能大大提高分解速度，但分解温度如果不变，分解产物氢氧化铝晶体的粒度则较细。所以，为了获得粒度合格的氢氧化铝，采用低苛性比的分解精液进行分解时，可以适当提高分解温度，这样既可提高分解率，又可得到合格的氢氧化铝产品。

生产上控制的分解精液为低苛性比（1.48~1.7）。

（2）分解精液氧化铝浓度的影响。在一定温度制度下，当分解精液的苛性比不变时，增加分解精液的氧化铝浓度会使铝酸钠溶液的过饱和度降低，分解速度和在一定时间内的分解率会下降，但设备的单位产能却上升。反之，则相反。因此，当其他条件相同时，分解精液的氧化铝浓度有一最佳值。

理论及实践都已证明，分解精液的苛性比越低，分解精液的过饱和度增加，分解速度加快，分解时间缩短，槽单位产能增加。所以，当分解精液的苛性比越低时，分解精液则可以有更大的氧化铝浓度而不影响分解速度和在一定时间内的分解率。

目前，在生产中，分解精液中氧化铝的质量浓度一般取 100 ~ 150g/L。

(3)分解温度的影响。分解温度是影响分解过程的重要因素之一。在分解过程中，既要保证一定的分解速度和分解率，又要保证分解析出的氢氧化铝的质量要求，这就与分解过程中的降温制度有很大关系。

分解在较高的初温下进行时，由于铝酸钠溶液的过饱和度小，分解速度慢，分解率较低，但晶体均匀长大的速度较快，能得到较粗粒度的氢氧化铝。这是因为随着温度的升高，溶液的黏度降低，从而使溶液内部颗粒移动速度增大，促使已生成的晶体长大。相反，在较低温度下分解，溶液的黏度较大，晶核较多，虽然溶液的分解率较高，但所得的氢氧化铝颗粒较小。

在工业生产中，降温制度要根据生产的需要全面考虑。生产粉状氧化铝时，快速地降低分解初温，即将 90 ~ 100℃的分解精液迅速地降至 60 ~ 65℃，然后保持一定的速率降至分解终温 40℃左右。这种降温制度，因为前期急剧降温，破坏了铝酸钠溶液的稳定性，分解速度快，这样就使晶种分解的前期生成大量的晶核，在分解后期，温度下降缓慢，晶核就有足够的时间来长大，因此，产品氢氧化铝的粒度得以保证，而最终的分解率也得以提高。而在生产砂状氧化铝时，就要控制较高的分解初温(70 ~ 85℃)和分解终温(60℃)，这样能生产出颗粒较大而且强度较高的氢氧化铝，但分解速度慢，分解率较低。

(4)晶种的影响。在分解过程中，加入氢氧化铝晶种，使分解直接在晶种表面进行，避免了氢氧化铝晶体漫长的自发成核过程，加速了分解精液的分解速度，并且也能得到粗粒的氢氧化铝产品。

晶种的添加量通常用晶种系数(也称种子比)来表示。晶种系数是指作为晶种的氢氧化铝中的氧化铝数量与用以分解的精液中的氧化铝数量的比值。

晶种系数的大小有一最佳值。当其他条件及晶种粒度和活度相同时，提高晶种系数，晶种表面积随之增加，因而分解速度加快。但是，过高的晶种系数，一方面使氢氧化铝在生产流程中的循环量增大，带来设备及动力费用的增加；另一方面，由于种子不经洗涤，会导致种子附液进入分解精液的数量增多，从而使分解精液的苛性比升高，分解速度不再提高。因此，晶种系数过高也是不利的，选择必须适当，目前，晶种系数一般为 1.0 ~ 3.0。

国内外绝大多数氧化铝厂都是采用循环氢氧化铝作晶种。通过分级，将细粒氢氧化铝作为晶种，粗粒氢氧化铝作为产品。

(5)分解时间的影响。在一定的分解条件下，分解时间对分解速度和最终分解率是有一定影响的。在分解初期，分解速度很快，随着分解时间的延长，分解速度会越来越慢，虽然分解率仍在提高，但提高的速度越来越慢。所以，分解时间短，分解率低，氧化铝返回得多，循环母液的苛性比低，不利于溶出，将会使一系列的技术经济指标恶化，这是不允许的。反之，为了得到高分解率而无限地延长分解时间，又会造成设备产能的降低，这也是不允许的。在工业生产中，分解时间一般为 30 ~ 72h。

(6)搅拌的影响。分解槽的搅拌一般有两种形式，即机械搅拌和空气搅拌。搅拌的目的一方面是使氢氧化铝晶种能在铝酸钠溶液中保持悬浮状态，以保证晶种与溶液有良好的接触；另一方面还能使溶液的扩散速度加快，保持溶液浓度均匀，破坏溶液的稳定性，加速铝酸钠溶液的分解，并能使氢氧化铝晶体均匀长大。

搅拌速度过慢或过快都是不利的。过慢不但起不到搅拌的作用，甚至还有可能造成氢氧化铝沉淀；过快则有可能把生成的氢氧化铝晶体打碎，造成氢氧化铝晶体晶粒变小。

(7)杂质的影响。铝酸钠溶液中的杂质通常有二氧化硅、有机物、硫酸钠和碳酸钠以及其他微量元素等。

二氧化硅的存在使铝酸钠溶液的稳定性增加，阻碍分解过程的进行。但由于拜耳法精液的硅量指数一般在 300 ~ 350，所以二氧化硅的含量少，它的影响很小。

有机物的存在一方面使铝酸钠溶液的黏度增大，从而使铝酸钠溶液的稳定性增加，分解速度减慢。另一方面它吸附在析出的氢氧化铝表面，阻碍氢氧化铝晶体的长大，从而造成氢氧化铝产品粒度变小的不良后果。

在溶液中，碳酸钠和硫酸钠浓度增加时，溶液黏度增加，分解率下降。

从以上分析可知，影响种分分解率和产品质量的因素很多，但有主次之分。对分解操作者来说，主要是保证晶种的数量和品质，掌握好降温制度和液量平衡等，从而提高分解率和保证氢氧化铝产品的品质。

5.1.5 分解作业技术经济指标实例

各厂的矿石类型不同，溶出液的各项指标也不相同，并且对产品质量有各自的要求，所以晶种分解的作业条件是不同的。某厂粉状氧化铝的常规分解作业技术经济指标见表 5－1。

表 5－1 某厂粉状氧化铝的常规分解作业技术经济指标

指 标	范 围
分解精液中氧化铝的质量浓度/$g \cdot L^{-1}$	135 ~ 145
分解精液的苛性比	<1.70
种分初温/℃	60 ~ 75
种分终温/℃	40 ~ 50
晶种系数	1.5 ~ 2.0
分解率/%	>50
分解母液的苛性比	3.3 ~ 3.4
分解时间/h	50 ~ 75

5.2 晶种分解工艺

5.2.1 晶种分解工艺流程

晶种分解工艺流程分为间断分解和连续分解两种流程。

间断分解的过程包括进料、分解、出料作业，为单槽、周期性作业方式，目前已被淘汰。

连续晶种分解的工艺流程如图 5－2 所示。

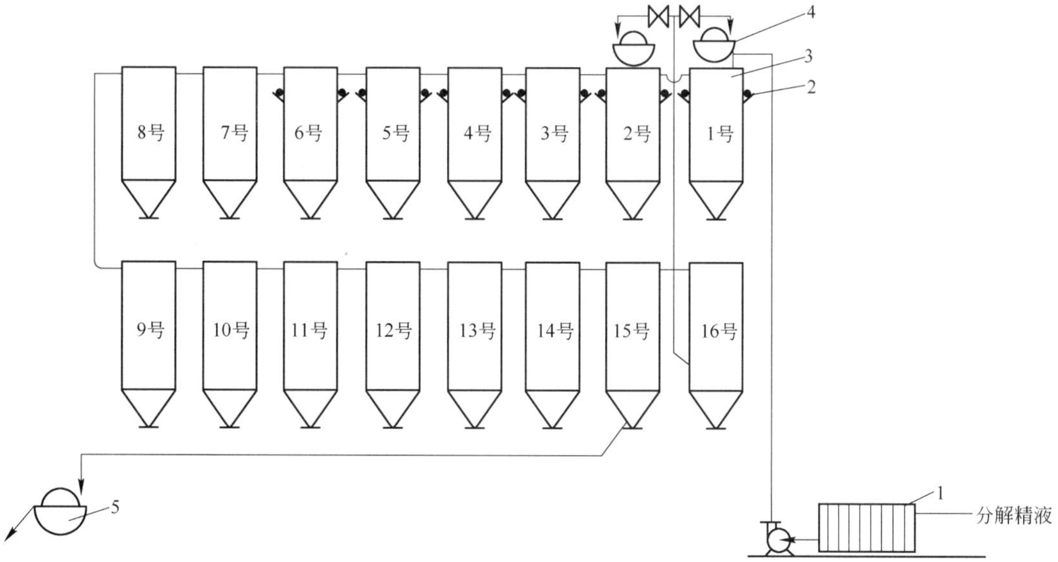

图 5－2 连续晶种分解的工艺流程

1—板式换热器;2—冷却水管;3—1 号分解槽(进料分解槽);4—晶种过滤机;5—成品过滤机

连续分解具体过程是:由上一工序来的分解精液首先进板式换热器,用分解母液冷却降温或用真空降温进行冷却,然后泵入进料分解槽,与此同时,向槽内加晶种,溶液的分解在一组串联的连续分解的分解槽内进行。分解浆液通过位差自流,利用具有一定坡度的流槽从一个分解槽流到另一个分解槽,直到最后一个出料分解槽。

分解槽有空气搅拌分解槽和机械搅拌分解槽两种。

5.2.2 晶种分解设备

5.2.2.1 降温设备

精液进入分解槽前要在降温设备内冷却到要求温度(分解初温)。生产上采用的冷却设备有鼓风冷却塔、板式换热器以及闪速蒸发换热系统(即多级真空降温)等。

冷却塔是一种老式设备,精液热量不能利用,在现代氧化铝厂中,这种设备多数已被淘汰。

板式换热器具有传热效率高、结构紧凑、拆洗方便等优点,是新型换热器的一种。在温度不太高和压力不太大的情况下,应用板式换热器比较有利。目前,氧化铝厂采用这种设备进行精液与母液的热交换来降低精液的温度。

真空降温是依据溶液在密闭容器里的沸腾温度与压力的关系而进行的。压力小,沸腾温度则低,反之则高。它是把高温的精液在真空容器中进行自蒸发而达到降温的目的。在生产砂状氧化铝厂中,一般使用闪蒸冷却系统(即真空降温),以便从大容量的铝酸钠溶液中蒸发出尽可能多的水。此法降温效果好,热量可以回收,但生产流程比较复杂。

美国、德国和日本等国的一些拜耳法厂采用闪速蒸发换热系统冷却精液,溶液自蒸发冷却到要求温度后送去分解,二次蒸汽用以逐级加热蒸发前的分解母液。二次蒸汽的冷凝水可用于洗涤氢氧化铝,流程一般采用 2 ~5 级自蒸发。其优点是:既利用了溶液在自蒸发降温过程中释放出来的热量，又从溶液中排出了一部分水，减少了蒸发水量。此外，闪蒸冷却系统对设备的要求低，适应性强，没有板式换热器那种需要频繁倒换流向与流道的工序，但它也具有维护清理工作量大的缺点。

本章主要介绍板式换热器。

A　板式换热器的构造与应用

板式换热器由传热板片、密封垫片和压紧装置三部分组成。作为传热面的板片可用各种不同的金属（如不锈钢、黄铜、铝合金等）薄板压制成形。由于板片厚度一般仅 0.5 ~ 3mm，板的刚度不够，通常将板片压制成各种槽形或波纹形的表面。图 5 -3(b)所示为人字形波纹板。这样既增强了刚度，可以防止板片受压时变形，同时也增强了流体的湍动程度，并加大了传热面积。每片板的四个角上各开一个孔，板片周边及孔的周围压有密封垫片槽。密封垫片也是板式换热器的重要组成部分，一般由各种橡胶、压缩石棉或合成树脂制成。安装时先用黏结剂将垫片贴牢在板片密封槽中，孔的周围部分槽中根据流体流动的需要来放置垫片，从而起到允许或阻止流体进入板面之间通道的作用。将若干块板片按换热要求依次排列在支架上，由压板借压紧螺杆压紧后，相邻板间就形成了流体通道。借助板片四角的孔口与垫圈的恰当位置，使冷、热流体分别在同一板片两侧的通道中流过并进行传热。除两端的板片外，每一板片都是传热面。采用不同厚度的垫片可以调节通道的宽窄。

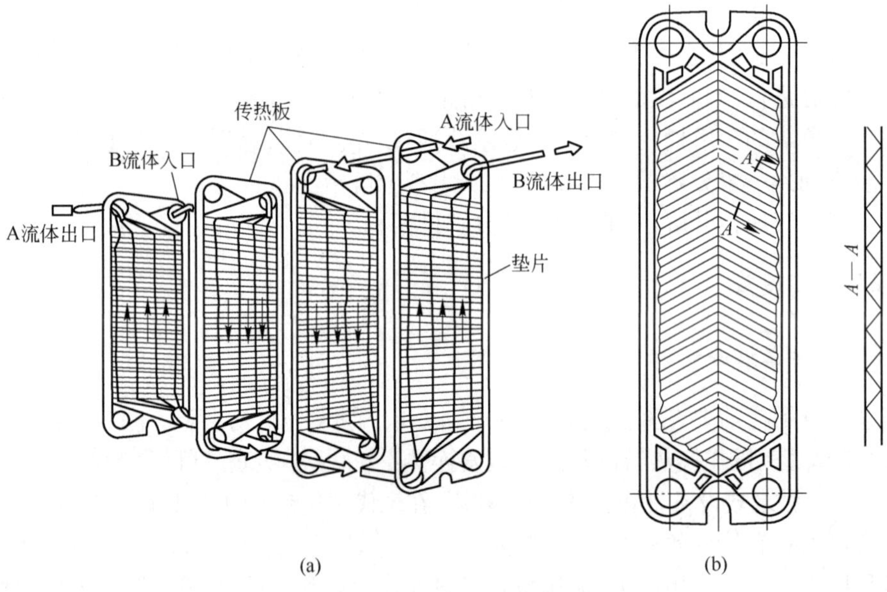

图 5 -3　板式换热器的板片
(a)组合示意图；(b)人字波纹片结构

图 5 -4 所示为板式换热器中冷热流体的流向示意图。板片的数目可以根据工艺条件变化而增减。

生产实践证明，板式换热器走精液的流道内有结疤生成，走母液的流道内有氢氧化铝沉淀。采用倒流程的操作可以将结疤洗掉一部分，但不彻底。因此，在生产中，一方面应尽量降低母液中浮游物的含量，防止氢氧化铝带进流道中；另一方面，待设备运行一定时间后便可采用蒸发种分母液进行化学清洗。

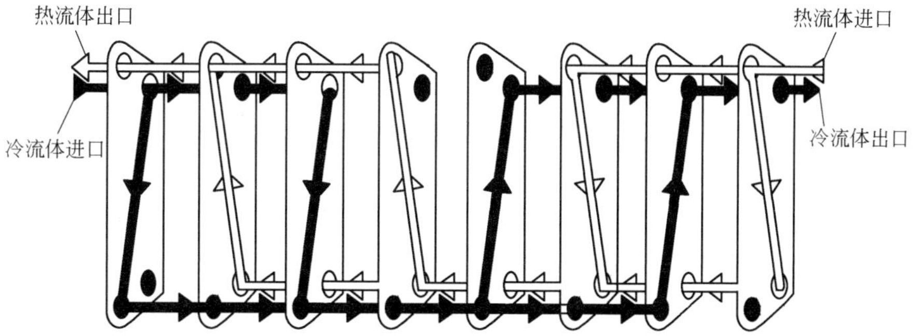

图 5-4 板式换热器中冷热流体的流向示意图

B 精液降温板式换热器操作工作要求

精液降温板式换热器操作工作要求是：

(1)负责本岗位设备的正确使用、操作和维护，杜绝单压和偏压操作。

(2)及时和值班室、种分槽、立盘过滤机、晶种泵相关岗位联系，使精液均衡稳定输送，以免精液过大或过小。

(3)严格按技术标准制定的洗板式换热器规定进行洗板式换热器操作，蒸发母液压力低时要及时与碱液调配岗位联系。

(4)加强岗位的巡回检查，及时调整精液、母液的压力。

(5)压力表和温度表不准时，要及时更换。

(6)负责本岗位设备和环境卫生的维护保养，杜绝跑、冒、滴、漏的发生。

(7)认真做好岗位记录和交接班记录。

(8)节约使用原材料，合理使用工器，不得损坏遗失。

C 板式换热器的开车步骤

板式换热器的开车步骤是：

(1)关闭精液母液管道的放料阀。

(2)打开精液、母液相的出口蝶阀。

(3)两人同时缓慢打开精液、母液(水)相的进口蝶阀(一人开精液相，另一人开母液相)，以免造成偏压打垫子。

(4)进料正常后，根据精液出口的温度情况，调整好两相压力，精液压力为 0.2 ~ 0.4MPa，母液压力为 0.2 ~ 0.35MPa，两相压力偏差不能超过 0.05MPa，并记录好温度与压力参数。

D 板式换热器正常生产操作和运行中的注意事项

板式换热器正常生产操作是：

(1)各组板式换热器稳定操作。各组之间精液相压力偏差不能超过 0.05MPa，各组的精液相压力最高不能超过 0.4MPa。

(2)各组精液出口温度要靠母液量来调节，各组精液出口温度偏差不能大于 3℃。

(3)水降温板式温度要调整好进、出口水量，正常情况下，靠调节水相出口压力使精液出口温度保持在(60 ±2)℃之间。

(4)每小时要对板式情况全面检查一次，每小时做一次记录。

(5)冷母液槽体积要保持2/3以上,低了要及时调节,并严禁冒槽,保证母液大进大出。

(6)正常开车时,母液不能走短路,母液若打不完且调整无效时,经值班室同意后方能开短路。液量下降后要及时关闭短路,并做好记录。

(7)精液开短路必须经过值班室的同意,开短路后每30min向叶滤工序询问一次液量情况,并做好记录,压力下降后要及时关闭短路,做好关闭时间的记录。

(8)洗完和没洗到的组,放料蝶阀必须打开,漏料的要及时调整,窜料的要及时汇报。

板式换热器运行中的注意事项是:

(1)刚开车时,可能有微漏现象,不必调整,不久即可消失。若运行1~2h后仍有微漏,可用扳手稍微拧紧夹紧螺栓,以消除轻微泄漏。

(2)运行中介质的阻力降超过允许值时,应及时查找原因,采取措施处理。若阻力降突然升高,一般是入口处有杂物堵塞或有严重的结疤所造成的。首先要进行反冲洗,效果不明显时,则应拆开换热板片清扫。

(3)发现有两种介质相串通的现象时(通过分析介质成分或压力变化情况判断),尤其是易燃易爆介质,应立即停车,查出并更换有穿孔或裂纹的板片。

(4)严格控制温度与压力不超过允许值,否则会加速密封垫片老化,并使密封垫片及介质从局部冲出板片(尤其是无密封垫片沟槽的伞板换热器),造成严重泄漏等情况。

(5)过滤器阻力降超过允许值时则应反冲洗,效果不明显时则应更换,将换下的过滤器拆开用蒸汽或压缩空气清扫滤网。

(6)检查发现换热板束泄漏时,应做好标记,以便设备拆开后迅速查出损坏的板片和密封垫片,换上新的换热板片和密封垫片。

(7)运行中,因设备充满介质,在有压力的情况下,不允许紧固夹紧螺栓。

(8)紧固换热板片的夹紧螺栓及螺母时,应严格控制两封头间的板束距离,否则易损坏换热板片或密封垫片。

(9)活动封头上的滑动滚轮应定期加油防止生锈,以保证拆卸灵活、好用。

(10)开始运行时,发现换热器冷热不均,则应检查空气是否没有放净、换热板片是否加错、通道是否堵塞等,并采取相应的有效措施处理。

E 板式换热器的停车步骤及注意事项

板式换热器的停车步骤是:

(1)打开母液的短路阀门。

(2)两人同时缓慢关闭精液、母液两相的进口蝶阀。

(3)侧身缓慢打开板式换热器的两相放料阀,把料放完。停车时间长的,要用水把板式换热器内的积料冲净。

停车时的注意事项是:正常的情况下,换热器是不必停车的,当阻力降超过允许值、反冲洗又无明显效果、生产能力突然下降、介质互串或介质大量外漏而又无法控制时,才停车查找原因,清扫或更换已损坏的零部件。

停车时必须做到:

(1)缓慢关闭低温介质入口阀门,此时必须注意低压侧压力不能过低,随即缓慢关闭高温介质入口阀门,缩小压差。在关闭低温介质出口阀门后,再关闭高温介质出口阀门。

(2)冬季停车时应放净设备中的全部介质,防止冻坏设备。

(3)设备温度降至室温后方可拆卸夹紧螺栓,否则密封垫片容易松动。拆卸螺栓时也要对称、交叉进行,然后拆下连接短管,移开活动封头。

(4)如果板式换热器停用时间较长,尤其是采暖供热系统的板式换热器,过了取暖期后,需停用几个月时间,这时为防止密封垫片永久压缩变形,可将夹紧螺栓稍微松开,使密封垫片不能自动滑出为止。

F　板式换热器运行中常见的故障与其处理方法

板式换热器在正常运行过程中,一般是比较平稳的。但是,由于工艺条件变化频繁,换热板片与密封垫板材质选择不当、安装质量不良等因素,往往也会出现一些故障。板式换热器常见故障及其排除方法见表5－2。

表5－2　板式换热器常见故障及其排除方法

故障名称	产生原因	处理方法
密封垫处泄漏	(1)胶垫未放正或扭曲歪斜; (2)螺栓紧固力不均匀或紧固力小; (3)胶垫老化或有损伤	(1)重新组装; (2)紧固螺栓; (3)更换新垫
内部介质渗漏	(1)波纹板有裂纹; (2)进出口胶垫不严密; (3)侧面压板腐蚀	(1)检查更新; (2)检查修理; (3)补焊、加工
传热效率下降	(1)波纹板结疤严重; (2)过滤器或管路堵塞	(1)解体清理; (2)清理
换热板片压偏	(1)板束压紧值超过允许范围; (2)夹紧螺栓紧固不均匀; (3)换热片变形太大; (4)伞板换热器瓦楞板高度不够; (5)密封垫片厚度相差太大; (6)换热板片挂钩损坏; (7)密封垫片沟槽深度偏差太大	(1)严格控制板束长度计算值; (2)应对称、交叉、均匀地拧紧夹紧螺栓; (3)更换换热片; (4)换合格的瓦楞板; (5)应按密封垫片技术要求,尤其不应有搭接或对接的接缝; (6)更换板片挂钩; (7)更换新板片
密封垫片断裂与变形	(1)介质温度长期超过允许值; (2)橡胶密封垫片老化; (3)密封垫片配方及硫化不佳; (4)密封垫片厚度不均; (5)密封垫片材质选择不对	换新的合格的密封垫片
阻力降超过允许值或压力突然猛增	(1)过滤器失效; (2)板式换热器角孔有脏物堵塞; (3)板式换热器板片通道有结疤; (4)压力表失灵; (5)伞板换热器瓦楞板堵塞; (6)介质入口管堵塞; (7)设备内介质冬季未放净而结冰	(1)更换过滤器,换下来的过滤器应进行清扫; (2)清理角孔被堵塞的脏物; (3)用化学方法与手工方法清除结疤; (4)修理校对或更换压力表; (5)用手工方法和化学方法清洗; (6)清理入口管脏物; (7)放净设备的介质

续表 5－2

故障名称	产生原因	处理方法
传热效果差	(1)冷介质温度高； (2)换热板片结疤； (3)水质浊度大,油污与微生物多； (4)超过清洗间隔期； (5)多板程时盲孔位置装错； (6)设备内空气未放净	(1)降低水温或加大水量； (2)清洗板片； (3)加强过滤、净化介质； (4)定期清洗与清扫过滤器； (5)盲孔位置装错的重新组装； (6)排除设备内部全部空气
换热器冷热不均	(1)开车时设备内空气未放净； (2)部分通道堵塞,介质走近路； (3)停车时介质未放净,尤其是易结晶的介质； (4)伞板换热器部分瓦楞板堵塞	(1)开车时放净设备内空气； (2)加强清洗与过滤,疏通部分堵塞的通道； (3)停车时放净设备内介质； (4)清洗与清扫瓦楞板

G　板式换热器的维护保养和清洗

a　板式换热器的维护保养

板式换热器的维护保养主要有：

(1)保持设备整洁,油漆完整。紧固螺栓的螺纹部分应涂防锈油并加外罩,防止生锈和黏结灰尘。

(2)保持压力表和温度计清晰,阀门和法兰无泄漏。

(3)定期清理和切换过滤器,预防换热器堵塞。

(4)注意基础有无下沉不均匀现象和地脚螺栓有无腐蚀。

(5)拆装板式换热器,螺栓的拆卸和拧紧应对称进行,松紧适宜。

b　板式换热器的清洗

清洗间隔期：无杂质的介质为 2 年；有少量杂质的介质为 1 年；有微生物、油的海水(包括河水)为半年；有易沉积物的介质应不超过半年。

清洗方法一般有三种,即反冲洗法(不拆开清洗)、手工清洗法(拆开清洗)和化学清洗法(不拆开清洗)。

手工清洗法：换热板片结垢厚度很薄而易溶于水时,则可拆开,逐片用有压力(0.1～0.2MPa)的水进行喷射冲刷处理,或用带水的低压蒸汽冲洗；对于用水很难冲刷的沉积物,则可用软纤维刷子、鬃毛刷子来刷洗。

化学清洗法：换热板片表面,尤其是介质流动的死角处有较硬的沉积物(氧化物或碳化物)时,用手工清洗法是很难解决的,可根据换热板片的材质而采取不同的化学溶剂来清洗。例如：采用 50℃10% 的硝酸、2% 的聚偏磷酸、5% 的乙二胺四乙酸混合溶液来清洗。化学法清洗后要用清水洗净,以防化学溶剂腐蚀设备。

含蛋白质的有机沉淀物的清洗可采用软鬃毛刷和 50℃的 2% 苛性钠溶液刷洗。

油质沉积物的清洗,例如炼油厂、轮船和机器排出的废油,均可用软鬃毛刷和煤油刷洗。

5.2.2.2　种分槽

晶种搅拌分解槽有空气搅拌和机械搅拌两种。这种分解槽的槽壳由钢板焊成,现代分解槽的容积一般为1150～1800m^3，直径为7.75～9.0m，总高为28.7～33.5m。上有顶盖，下有锥形底。空气搅拌槽的空气升液器由直径为320mm的外管和直径为56mm的内管组成。在其外管上装有水套并插到槽底。空气升液器用拉杆牵引的方式固定在分解槽的槽顶上，下部支承在锥体上。升液器搅拌的原理是：沿主风管（即升液器的内管）不断地通入压缩空气，使翻料管（即升液器的外管）的下部不断地形成密度小于管外浆液的气、液、固三相混合物，利用此密度差所造成的压力差使浆液循环而达到搅拌的目的。

20世纪70年代初期以来，新型机械搅拌槽得到了发展，有取代空气搅拌分解槽之势。机械搅拌分解槽的主要优点是：动力消耗少；搅拌时固体颗粒在整个槽内分布均匀；循环量高；结疤少；同时避免了空气搅拌分解槽中料浆短路的现象和吸收空气中CO_2使浆液中部分苛性碱转变为碳酸碱的缺点；可靠性高，长期停车后再启动时平缓，沉淀的颗粒能重新被搅起。

我国也在发展机械搅拌分解槽。机械搅拌又分两种方式：一种是轴流式机械搅拌，它是在空气搅拌分解槽的升液管内上部装上轴流泵式螺旋桨，当其转动时，将浆液泵送到升液管上口流出，而在其底部形成负压区，使浆液不断由底部吸入升液管，造成强烈的循环搅拌；另一种是用螺旋桨叶搅拌的平底分解槽，螺旋桨叶具有特殊的形状，槽壁上装设有挡板，可以造成强烈的搅拌而动力消耗并不增加。目前最大的机械搅拌分解槽的容积达到了4500m^3。

A 空气搅拌分解槽

a 空气搅拌分解槽的特点

多数工厂现采用带喇叭口循环管的空气搅拌分解槽，如图5-5所示。此种槽的特点是：

(1)中心循环管由下而上逐渐扩大，空气泡在循环管内上升时，随着液柱压力的减少，气泡逐渐扩大。由于循环管也是向上逐渐扩大，因而气体与溶液的体积比保持适当比例，溶液的循环效率不因气泡的增多而降低，克服了原中心等径循环管上下部气体与溶液体积比相差很大而循环量下降的缺点。

(2)循环管内溶液以缓慢的速度上升，加上出口是喇叭形，溶液出循环管口时，没有猛烈地从液面上溅起的现象，而是向槽壁四周缓慢地扩散，使溶液均匀下降，从而得到均匀的循环搅拌效果，同时减轻槽壁结疤。

(3)循环管上端出口在液面以下300mm，循环管内流速低，因此，空气消耗减小，节省动力。

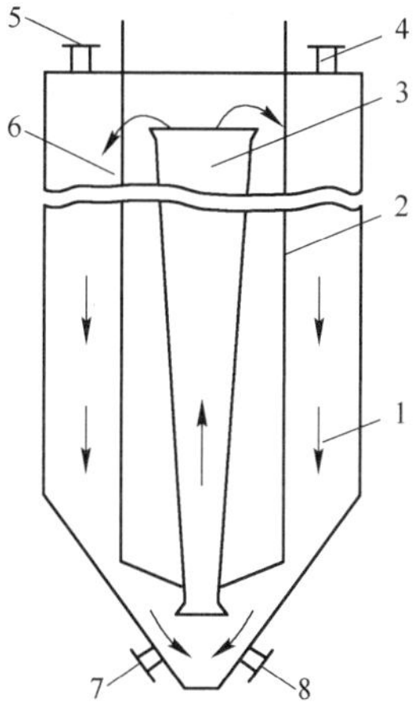

图5-5 空气搅拌分解槽

1—分解槽；2—主风管；
3—中心循环管；4—进料口；
5—排气口；6—副风管；
7—入口；8—出料口

b 空气搅拌分解槽的开车

空气搅拌分解槽开车前的准备工作是：

(1)准备好原材料和工器具。

(2)检查主、副风管的通风情况，确认不堵、不漏气后关闭风阀，否则要通知工段值班长安排处理。

(3)检查管道考克是否改好，闸门是否灵活好用。

(4)检查槽内及溜槽内是否有杂物和结疤。

(5)通知出料泵上好人孔、底流，关闭出料阀，待令开车。

空气搅拌分解槽的开车步骤是：

(1)通知精液泵或倒料泵岗位送料。

(2)在进料的同时，根据料的情况依次开启副风管、主风管；

(3)待槽子有料后，通知出料泵或倒料泵岗位人员检查人孔、底流和出料阀是否漏料，若有漏料应立即处理，若处理不好，应停止进料，放空处理。

(4)当槽子进料体积低于 $1000m^3$ 或 $600m^3$ 时，应以副风管为主进行吹风搅拌，以主风管不堵为原则，当体积大于上述数字后，应立即开大主风管，并注意套管内翻料情况，待翻料正常后，将副风管关至不堵为原则，待体积达到规定数字后，调整主风管风量，使翻料连续、均匀，严防风量过大使物料溅出，造成冒槽或伤人事故。

(5)当第一个槽子进料的同时，应把下一个要投入使用的槽子在投入使用前的准备工作做好，以备进料。

(6)当前槽有溢流进入下一槽时，按首槽的启动方法启动，依此类推。

c　空气搅拌分解槽的停车步骤

空气搅拌分解槽的停车步骤是：

(1)接通知后立即隔开槽子，停止进料。

(2)通知出料泵岗位拉空或放料(应以拉空为主)，当用泵拉时，若出料到一定体积时，立即改为放料，以防堵管。

(3)及时关闭主风管、副风管。

(4)通知工段开人孔清理并处理有关问题。

d　空气搅拌分解槽使用时的注意事项

空气搅拌分解槽使用时的注意事项有：

(1)液量的调节。在多组分解槽并联运行时，液量的调节很重要。因为在生产过程中液量不可能都是很平稳的，总是或大或小地波动着，这对分解过程很不利。因为当其他条件不变时，液量突然增大，必然引起晶种系数变小、分解温度上升、分解时间缩短、分解率下降等一系列的变化；反之，液量突然变小，又会出现晶种系数升高、分解温度下降、分解时间延长、分解率上升等一连串变化。因此，在分解过程中要及时调整液量，使各组液量分配均匀，保持在比较稳定的条件下作业。

(2)温度的控制。分解初温和降温速率对分解过程的影响前已阐述。在分解过程中，掌握温度一般是首先快速降温，然后缓慢地自然降温。这样在分解的前半期分解速度快，有大量的晶核生成，后半期分解速度慢，但有足够的时间使晶核长大。

连续分解时，精液的降温可采用喷淋、套管、板式换热器或真空降温等方式。喷淋和套管降温一般是将前面几个分解槽迅速降温，以后各槽自然降至终温；而真空降温则是在精液入槽前强行降温，入槽后在流动分解过程中通过自然降温至终温。

降温时根据具体情况和季节变化按降温速率进行。

(3)风压的作用及控制。对于空气搅拌分解槽而言，就有风压的控制问题。

为了得到较好的技术经济指标，首先要保证分解作业的正常进行，而总风压则是保证分解作业正常进行的先决条件。空气搅拌的总风压不得低于正常分解中最大体积分解槽的液柱压力。如果低于这个压力就会导致分解槽内氢氧化铝的沉淀，分解作业就无法进行。由此可见，总风压对搅拌分解来说是十分重要的。

在分解过程中,总风压的波动势必引起槽压的变化。风压过高,风量过大,虽然搅拌强度大,搅拌均匀,但是由于通风过多,物料在槽内剧烈地翻腾,风和碱接触生成许多小气泡,此气泡往上升时,会把碱液带出,容易造成分解槽冒沫或冒槽。这对于压缩空气和分解浆液都是浪费。风压过低,风量过小,又有造成分解槽内物料沉淀的危险。因此,对总风压要求控制稳定。但在生产过程中,总风压的波动是经常发生的,所以操作人员必须加强巡回检查,了解各槽的搅拌情况,对各槽的具体问题及时进行适当的调整,这样才能保证分解作业的顺利进行。

槽压代表液柱压力,如果在生产中出现槽压升高或降低,以及主、副风管压力差增大等现象,都说明槽内不正常,需要进行必要的检查和处理。

(4)晶种系数的控制。晶种系数直接影响到分解过程产量的高低和质量的好坏。在实际操作中,对晶种系数的控制一般是通过分解槽内取样作固体含量分析,来了解槽内晶种量的变化情况的。

B　机械搅拌分解槽

a　机械搅拌分解槽的特点

机械搅拌分解槽(见图5-6)的特点是:

(1)中心循环管内液流向下流动,出循环管后液流向上,循环量大,氢氧化铝不会在槽底发生沉淀,而且循环均匀,不易产生结疤。

(2)中心循环管上小下大,上端进口在液下500mm处,所以循环扬程低(0.1m)。

(3)搅拌叶轮为轴流式叶片叶轮,转速低(50r/min),材质选铸钢,所以叶轮寿命长,一般为5~6年。

(4)在槽内设置6层盘旋冷凝管,此冷却装置比槽壁冷却方式优越,改善了冷却效果。

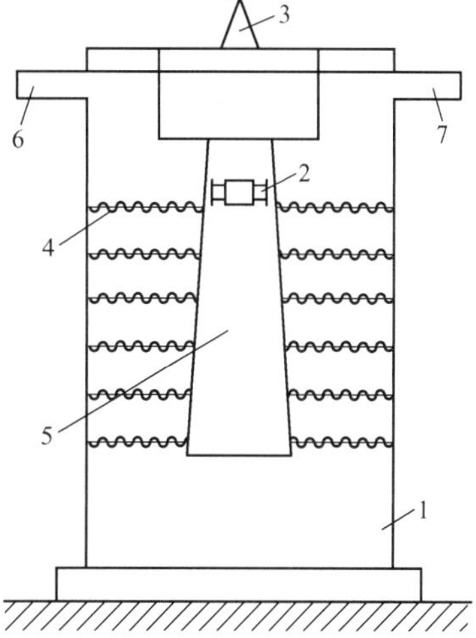

图5-6　机械搅拌分解槽

1—槽体;2—叶轮;3—传动装置;4—盘旋冷凝管;5—中心循环管;6—进料溜槽;7—出料溜槽

一般来说,机械搅拌总能耗低于空气搅拌。

b　机械搅拌分解槽开停车程序

由于搅拌器的不同,槽子的开车步骤也有差别。这里介绍两种搅拌槽的操作步骤。

莱宁搅拌分解槽开车步骤是:

(1)经检查,机械、电气及槽子确无问题时,首先改好槽上进料插板。

(2)向槽内进料,并通知槽下岗位检查是否有漏料部位。

(3)进料后要及时检查通风量和搅拌翻料状况,液位淹没事故风门后缓慢开启事故风门,随着液位的升高,通风量逐渐加大,等料浆液位浸过搅拌桨叶后,开启搅拌电机,并逐步关闭事故风门。

(4)启动电机后,检查电流是否正常,槽子扩满后将该槽并入分解流程,关闭旁通溜槽插板,调整提料风门转为正常生产流程。

莱宁搅拌分解槽停车步骤是:

(1)首先将进出口流槽用插板插死,隔开槽子并无漏料。

(2)开一点提料风阀,加大提料量。

(3)将拉料管流程改好后,通知出料泵岗位开启拉槽泵。

(4)检查液位,当液位低于搅拌桨叶后停止机械搅拌。

(5)料浆拉完后,通知槽下岗位停拉槽泵。

CBY 机械搅拌分解槽开车程序步骤是:

(1)经检查,机械、电气及槽子确实无问题时,首先改好槽上进料插板。

(2)向槽内进料,并通知槽下岗位检查是否有漏料部位。

(3)当料浆液位浸过底层桨叶时即可开启搅拌,检查搅拌情况,检查电机电流。

(4)正常工作时,液位需避开各层桨叶下缘至上缘以上 300mm 的范围。

(5)正常工作时,最低液位不小于 3500mm,否则易产生沉淀。

CBY 机械搅拌分解槽停车步骤是:

(1)首先将进口流槽用插板插死,隔开槽子并无漏料。

(2)将拉料管流程改好后,通知槽下岗位,开启拉槽泵。

(3)检查液位,当液位接近 3500mm 时,需多次加入稀释液,以减少沉淀。

(4)检查液位,当液位低于桨叶时,停机械搅拌,再停润滑油泵。

(5)料浆拉完后,通知槽下岗位停止拉槽泵。

C　分解过程中常见故障发生的原因与处理的方法

a　停风

对于空气搅拌分解槽来说,在分解作业中,如果突然停风,分解槽的搅拌便停止。时间长了,分解槽内的物料就可能沉淀,将风管堵死,导致分解作业无法进行。如发现停风,首先应立即将各组前几个分解槽主、副风管阀门全部关严,然后再关闭其他各槽的主、副风管的阀门。目的是防止分解槽倒料,并且使主、副风管内保存有一定的余压,这可以减缓风管堵塞的速度,并停止加种子。当再送风时,应迅速地按顺序(首槽先开)开风管阀门,根据各槽的具体情况及时调整风量。如有不能启动的槽,则隔离拉空清理。

实践表明,停风时间在 20min 内,一般可以抢救过来,不至于造成分解槽的物料沉淀。

b　停电

对于机械搅拌分解槽而言,在分解作业过程中突然停电,机械搅拌便停止工作,槽内物料有可能沉淀,甚至将槽顶拉垮,导致分解作业无法进行。所以停电后同时要停止加种子,待来电后,视搅拌情况再加种子。

c　种子沉积

种子沉积多发生在进料分解槽。因为连续分解是利用溜槽作为物料传递的通道,而那些粗颗粒的氢氧化铝和槽内生成的结疤块却无法流入溜槽。所以,在进料分解槽内的粗粒氢氧化铝和结疤块日积月累就越来越多。在这种条件下进行作业时,就可能引起风管堵塞,导致分解槽的物料沉淀。特别是当分解槽内固体含量较高时,那就更容易发生这种情况,这时只有停槽处理才行。

d　风管堵塞

在空气搅拌分解过程中,每组前面几个槽子由于分解速度快,温度比较高,氢氧化铝沉淀的速度也快,而且结疤比较严重。因此,如不进行定期的清理,当风压比较低、搅拌不太好的情况下,主、副风管均有被堵塞的可能。如果副风管被堵塞,主风管畅通,此时分解槽照样翻料。但已经说明槽内结疤严重,是应该清理的时候了。如果主风管被堵塞,分解槽内的搅拌便停止。

当发现风管堵塞时,应及时组织抢救。先将周围各槽的风量进行适当压低,然后再将事故槽的风门开大,加大送风量。若堵管时间不长,堵得不严重,一般可以通开,并容易恢复正常;若堵管时间长,堵得严重,槽内的氢氧化铝已经大量沉淀,此时可从分解槽尖底放料并在事故放料阀用人工捅的办法进行处理,这是一项比较危险的工作,在进行此项工作时,要特别注意人身安全和严防事故的发生。

e 翻料不正常

空气搅拌分解槽是由一定压力的空气入槽后通过升液管来使分解液进行搅拌的,所以伴有液体翻料的现象。翻料不正常有翻料过弱、翻料过猛或这两种情况交替进行等3种情况。

翻料不正常故障发生的原因是:

(1)入槽风压低造成翻料过弱,处理不及时会造成沉淀,造成入槽风压低的原因有:分解液的固体含量过高,没有及时调大风压;风管堵塞或风管破裂,没有及时处理造成风压过低;

(2)入槽风压过高造成翻料过猛,处理不及时会造成冒槽;

(3)风压不稳会造成翻料忽猛忽弱。

对于翻料不正常的故障,不同情况要不同处理:

(1)翻料过弱的处理方法是增大风压;

(2)翻料过猛的处理方法是减少风压;

(3)稳定风压;

(4)如果采取上述方法处理后不见效果,则按沉淀事故处理。

f 沉淀

沉淀是析出的固体氢氧化铝不能悬浮在溶液中而是沉降到槽底的现象。

发生沉淀的原因是:

(1)机械搅拌槽的搅拌强度不够;

(2)空气搅拌分解槽的翻料过弱现象没有得到及时处理。

出现沉淀时,要立即隔离该槽,并将该槽清槽处理。

g 冒槽

分解浆液从槽中溢出的现象就是冒槽。

发生冒槽的原因是:

(1)进料量太大,溶液体积超出槽的容积;

(2)溜槽结疤严重或堵塞,堵塞了槽与槽之间的溢流走向,使槽内液体体积不断增加从而溢出;

(3)风压过大,使翻料过猛;

(4)出料管堵塞,不能及时出料,使末槽液体体积增加,槽与槽之间不能靠位差自流而溢出。

出现冒槽后,要根据具体原因进行处理:

(1)调整进料量,减小进料量;

(2)处理堵塞的溜槽;

(3)减小通风量;

(4)倒槽处理出料管。

h　处理事故时的注意事项

当处理槽内物料沉淀时,必须注意保护大梁和槽顶。发生沉淀事故后,槽内沉淀物与翻料管以及风管等黏结在一起。当采取下部放料时,氢氧化铝沉淀层便往下移动,这时就有千吨重的力作用在悬挂翻料管的大梁上,这就很容易使大梁和槽顶塌陷。所以,在处理沉淀之前应先把悬挂螺栓松开,将翻料管放到底,以保护大梁和槽顶的安全。

i　分解设备结疤的情况

在生产过程中,由于分解槽长期运行,往往在槽底、槽壁和槽顶都有结疤的生成。特别是在连续分解的前几个分解槽内尤为突出。结疤的成分主要是氢氧化铝和碱,结构致密坚硬。

结疤的存在不仅影响槽内的散热,而且还容易造成风管堵塞,引起事故。因此,对分解槽内的结疤必须有计划地定期清理。

清理分解槽内的结疤可用风镐打碎结疤或用炸药炸结疤等机械方法清理。这些机械方法清理比较简单和快速,但此工作较繁重和危险。最好的方法就是用化学清理的方法,即用生产过程中的蒸发母液浸泡法。具体做法是把苛性碱质量浓度为 280 ~ 300g/L、温度为 100 ~ 110℃的种分蒸发母液送进已撤空料浆待清理的槽内,进行搅拌,使结疤中的氢氧化铝溶解于碱液中,从而达到清理的目的。实践表明,浸泡 6 ~ 7 天后结疤清理得较干净,效果良好。

6 氢氧化铝煅烧

6.1 氢氧化铝煅烧原理及煅烧过程对氧化铝质量的影响

经晶种搅拌分解或碳酸化分解后所得到的氢氧化铝浆液要进行分离，得到两种中间产物：氢氧化铝和母液。大部分氢氧化铝不用洗涤直接返回流程作晶种使用，其余部分经洗涤制成氢氧化铝成品；母液则返回流程中重新使用。

煅烧就是将获得的氢氧化铝在高温下脱去附着水和结晶水，使其发生晶型转变，制得符合电解所要求的氧化铝的工艺过程，是生产氧化铝产品的最后一道工序。

6.1.1 氢氧化铝煅烧原理

工业生产中经过过滤的湿氢氧化铝是三水铝石（$Al_2O_3 \cdot 3H_2O$），带有10%～15%的附着水。在煅烧过程中，随着温度的提高，湿的氢氧化铝会发生脱水和晶型转变等一系列的复杂变化，最终由三水铝石变为$\gamma-Al_2O_3$和$\alpha-Al_2O_3$。基本过程为：

（1）附着水的脱除。110～120℃时，湿氢氧化铝的附着水就会被蒸发掉。

（2）结晶水的脱除。氢氧化铝烘干后其结晶水的脱除分阶段进行：

1）当加热到250～450℃时，氢氧化铝脱掉两个结晶水，生成一水软铝石。其化学反应式为：

$$Al_2O_3 \cdot 3H_2O \longrightarrow Al_2O_3 \cdot H_2O + 2H_2O(\text{气})$$

2）继续升温到500℃时，再脱掉一个结晶水，生成无水$\gamma-Al_2O_3$。其化学反应式为：

$$Al_2O_3 \cdot H_2O \longrightarrow \gamma-Al_2O_3 + H_2O(\text{气})$$

（3）氧化铝的晶型转变。脱水后生成的$\gamma-Al_2O_3$结晶不完善，具有很强的吸水性，不能满足电解铝生产要求，需要对其进行进一步的晶型转变，转变为$\alpha-Al_2O_3$。随着温度的提高，到900℃以上时$\gamma-Al_2O_3$开始变成$\alpha-Al_2O_3$，若在1200℃下煅烧4h，可使其全部变成$\alpha-Al_2O_3$。生成的$\alpha-Al_2O_3$晶格紧密，密度大，硬度高，但化学活性小，在冰晶石熔体中的溶解度小。

6.1.2 煅烧过程对氧化铝质量的影响

煅烧过程对氧化铝质量的影响是：

（1）温度的影响。温度越高，氧化铝中的灼减（结晶水）含量越少，$\alpha-Al_2O_3$越多。在正常的煅烧温度下，氧化铝产品的粒度不受影响，其主要由氢氧化铝的粒度决定。

（2）矿化剂的影响。在煅烧氢氧化铝时，加入少量矿化剂能加速氧化铝的晶型转变过程，可以降低煅烧温度，缩短煅烧时间，从而提高设备的产能，降低能耗。工业上添加的矿化剂有氟化铝（AlF_3）和氟化钙（CaF_2）等。

添加矿化剂煅烧可得到$\alpha-Al_2O_3$含量高的氧化铝，它具有如下性质：黏附性好，易成团，结晶表面不平，晶粒较粗，流动性差，在电解质中的溶解速度低，所以矿化剂并没有被广泛采用，特别是生产砂状氧化铝的工厂，一般不添加矿化剂。

（3）煅烧燃料的影响。煅烧燃料采用重油，带入氧化铝产品中的杂质少，所以氧化铝产品的纯度主要取决于氢氧化铝的纯度。

（4）氢氧化铝晶体粒度和强度的影响。氢氧化铝产品的粒度和强度对氧化铝产品影响较大。粒度较粗，强度较大的氢氧化铝才能煅烧出粒度较粗的氧化铝，反之则不能。

6.2　氢氧化铝煅烧工艺

目前，氢氧化铝煅烧工艺有两种：回转窑煅烧工艺和流态化煅烧工艺，两种工艺流程都是采用重油作为燃料。一般来说，老企业使用回转窑煅烧工艺的较多，而新建企业基本都采用了流态化煅烧工艺，因为流态化煅烧工艺具有热耗低、产能高、维修费用少、占地面积小、产品质量好等优点。

6.2.1　回转窑煅烧工艺

回转窑煅烧工艺设备连接如图6－1所示。

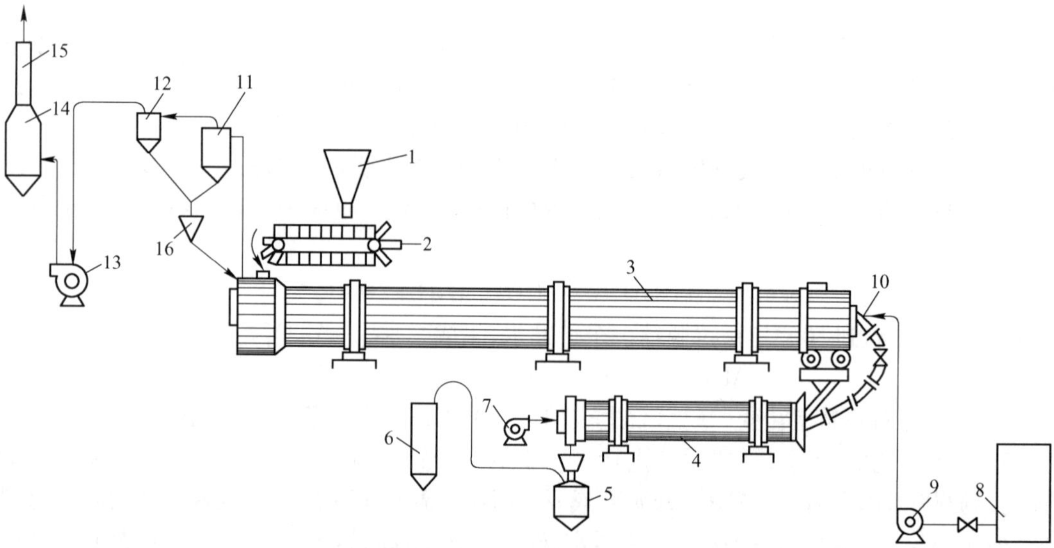

图6－1　回转窑煅烧工艺设备连接

1—氢氧化铝储仓；2—板式饲料机；3—煅烧窑；4—冷却机；5—吹灰机；6—氧化铝储仓；7—鼓风机；8—储油罐；9—油泵；10—油枪；11—一次旋风收尘器；12—二次旋风收尘器；13—排风机；14—电收尘器；15—烟囱；16—集灰斗

6.2.1.1　回转窑煅烧氢氧化铝原理

回转窑是按逆流原理进行工作的。通常窑体具有一定的倾斜度，一般为2%～3%，燃料及助燃空气由较低的窑头一端入窑，而物料则从较高的窑尾端加入，物料与热气流在窑内朝相反方向运动。当窑体转动时，借助料与窑壁摩擦力把物料带到一定高度，然后在重力的作用下，物料又沿斜面下落。由于窑体有一定的倾斜度，当物料升起和落下的时候，就向窑头方向前进一定距离，直至窑头，完成由氢氧化铝变成氧化铝的煅烧过程。

根据物料在窑内不同温度区域发生的物理化学变化，可将窑划分为4个区域：

(1)烘干带。入窑的物料由40℃左右被加热到200℃，湿氢氧化铝所带的附着水在此带全部被蒸发掉。而窑气的温度则由600℃左右降低到250~350℃而排出窑外。

(2)脱水带。物料由200℃继续加热到900℃，氢氧化铝的结晶水在此带得到脱除而变成$\gamma-Al_2O_3$。窑气温度由1050℃降至600℃左右。

(3)烧成带。物料温度由900℃加热到1200℃左右，使$\gamma-Al_2O_3$转变为$\alpha-Al_2O_3$。其转变过程取决于温度、停留时间以及是否添加矿化剂等条件。此带的气流温度为1050~1400℃。

(4)冷却带。物料在此带由1200℃冷却到1000℃左右，然后进入冷却机继续冷却至70℃左右排出。

以上各个区域的长度不是固定不变的，它随着煅烧窑规格的不同及操作条件的变化而变化，但各带的温度基本上是不变的。

6.2.1.2 回转窑操作

A 回转窑的开窑操作(燃料为重油)

回转窑的开窑操作(燃料为重油)是：

(1)开窑前对窑体及其附属设备都应进行全面的、认真的检查，并进行空车试转以消除隐患，对新窑或是大修后的窑，开窑前需进行清扫，避免杂物污染氧化铝，保证氧化铝的质量；

(2)换砖后需经一昼夜以上的阴干，具备烘窑条件后才可以点火烘窑；

(3)装好烘窑用的油枪，并通气检查；

(4)通知油泵工先打循环油，后往窑前送油；

(5)打开鼓风机和排风机的风门，点燃点火器放到燃烧器前头；

(6)开始慢慢通气送油，适当调整油气比；

(7)按升温曲线升温，等火自燃后撤出点火器；

(8)进行翻窑操作，使窑内衬受热均匀；

(9)窑尾温度上升到250℃以上时，开启鼓风机和排风机，准备下料；

(10)窑尾温度升到300℃以上，窑内耐火砖发亮时，便可下料，下料时要先下窑灰，后下氢氧化铝(如果是新窑，则要用氢氧化铝或窑灰进行洗窑)；

(11)下窑灰后开电收尘，下氢氧化铝后开启冷却机；

(12)逐步增加下料量，调节前后风量和油气比，4~6h可达到正常生产条件。

B 回转窑的停窑

停窑有计划停窑和紧急停窑两种情况。计划停窑是根据生产和设备情况事先有计划地安排停窑；紧急停窑则是因窑内突然发生故障而被迫停窑。

计划停窑的操作步骤是：

(1)停窑前4h应逐步减少下料量，要减少燃料及前后风量，并严格控制窑尾温度，使其不要太高；

(2)当下料量减少到一定程度，料仓内氢氧化铝排空后停止下料，继续烧窑灰；

(3)烧窑灰至窑尾温度低于250℃；

(4)关闭油门停止燃料供应，用蒸汽通油枪和油管路，然后卸下油枪；

(5)热风温度降至160℃，停鼓风机、排风机、电收尘，关闭前后风门；

(6)窑尾温度降至150℃时，换上事故电机转窑，并停入窑螺旋；

(7)转窑至窑子冷却。与前面所述的开窑时转窑的规定相同(窑尾温度为80～120℃时，每15min翻1/2周；窑尾温度为120～150℃时，每10min翻1/2周)。

紧急停窑操作是：如果故障在短时间内能处理好就采用烘窑保温；如果短时间内处理不好则按计划停窑步骤停窑。

C　回转窑正常操作

回转窑正常操作中最主要的操作是控制窑内温度正常。而回转窑的温度控制主要是在窑头通过看火孔观察窑内情况，根据所观察到的情况判断窑内温度的高低，并采取相应的措施。

窑内温度判断的主要依据是：

(1)根据物料灼减含量判断窑内温度。物料灼减含量与窑内温度的关系判断：物料为暗红色而外围发白，且红色很快消失者，显示物料的灼减含量过高，不合格，表明此时窑内温度偏低；物料为杏黄色，则物料灼减含量约为0.7%～0.8%，表明此时窑内温度正常；物料为亮黄色且刺眼，则物料灼减含量为0.5%左右，表明此时窑内温度偏高；如果物料已成为黄白色且结块较大，则物料灼减含量为0.1%～0.2%左右，表明此时窑内温度过高。

具体操作为：用长柄铁勺从窑头看火孔掏出物料，观察其颜色，现场直接判断出物料灼减含量，并根据物料灼减含量与窑内温度的关系判断窑内温度是否正常。

(2)根据物料在窑内的流动状况判断窑内温度。窑内温度过低时，则物料在窑内流动性好，物料在窑内不能沿窑壁带上去，而顺料面往下流动，且朝窑头移动速度很快；窑内温度正常时，则物料能沿窑壁带上去且滑下来，朝窑头移动速度正常；窑内温度过高时，则物料流动性不好，物料能在窑内沿窑壁带上去很高，而呈块状滑下来很慢，且朝窑头移动速度很慢。物料带上去越高，则窑内温度就越高。

具体操作为通过看火孔观察。

(3)根据火焰和耐火砖的颜色判断窑内温度。窑内温度过低时，火焰和耐火砖的颜色发暗，窑内发浑；窑内温度过高时，火焰和耐火砖的颜色很亮且发白，窑内清晰。

具体操作为通过看火孔观察。

(4)燃料燃烧的判断。通过观察烟囱排放的废气的颜色，可以判断燃料燃烧的情况。废气发黑时，说明燃料燃烧不完全；废气颜色发白时，则说明燃料燃烧情况较好。

(5)观察窑头、窑尾、烧成带温度。窑头、窑尾和烧成带的温度是体现窑内温度变化的重要参数，要按时记录。出现异常时，要及时调整相关操作，使其严格控制在正常范围内，其波动范围一般不应大于30℃。

6.2.1.3　回转窑煅烧氢氧化铝的主要技术指标

回转窑煅烧氢氧化铝的主要技术指标是：

(1)煅烧温度控制，砂状氧化铝为1000～1100℃，面粉状氧化铝为1200～1250℃；

(2)入窑氢氧化铝水分小于15%，纯度、粒度和强度要符合要求；

(3)窑尾温度为260～280℃，最高不超过400℃；

(4)窑尾废气成分中一氧化碳的体积分数小于0.3%,氧气的体积分数小于2.0%;
(5)电收尘器出口废气含尘量小于0.4g/m^3;
(6)入窑热空气温度为350~450℃,窑头温度为700~800℃;
(7)窑头负压为260~400Pa;
(8)重油预热温度为100~130℃,油枪压强大于1.96MPa;
(9)出窑氧化铝温度低于1000℃,冷却机出口氧化铝温度低于80℃。

6.2.1.4 回转窑生产常见故障发生的原因与处理的方法

A 火焰反扑

火焰反扑故障发生的原因是:
(1)烧成温度低,燃料供应不足,当所需热量大于供应的热量时,造成连续反扑;
(2)下料不均,燃烧不好,前后风量配合不当,火焰不稳造成反扑;
(3)排风机抽力不足或自动停车造成反扑;
(4)窑灰管道堵塞捅开后,窑灰量过大直冲而下造成反扑。
火焰反扑故障处理的方法是:
(1)窑内发浑不亮,火焰从看火孔往外冒,可适当减少前风量,开大排风;
(2)燃料燃烧不好,窑内温度过低,可适量减少油量;
(3)如果连续大反扑,在减少前风量、减少油量、开大排风无效时,可减少或停止下料,同时关小排风,减少油量,使窑慢转,烘窑提温;
(4)如果跑黑料,应进行隔离,禁止吸入大仓,以免影响产品质量。

B 冒黑烟

冒黑烟故障发生的原因是:
(1)油量过多,燃料燃烧不完全;
(2)油温低,蒸气压力小,雾化不良,风量不足。
冒黑烟故障处理的方法是:
(1)如果窑内温度低,应及时减料,关小排风,使窑慢转,提温;
(2)如果窑内温度不低,可减少油量,加大前风量,适当提高油温或调节油气比。

C 窑前下料口堵塞

窑前下料口堵塞故障发生的原因是:
(1)窑内温度过高,物料过烧,结成大块;
(2)窑内耐火砖脱落或碎裂;
(3)下料管损坏。
窑前下料口堵塞故障处理的方法是:
(1)停止下料,减少燃料供应,调整前后风量,使窑慢转,间断翻窑;
(2)用风管或铁棍捅下料口,如短期捅不开,可按短期停窑处理。

D 窑尾积料

窑尾积料故障发生的原因是:
(1)氢氧化铝水分太大,窑尾温度降低,调整不及时;
(2)窑灰循环量减少。

窑尾积料故障处理的方法是：

(1)如果是初积料，应立刻减料或停料，并减少油量，关小排风，使窑内呈适当正压，促使物料向前移动；

(2)如果积料时间较长，上述方法处理无效时，可停止下料，待窑尾温度升到比正常偏高时，适时下料。

6.2.1.5　回转窑的设备故障及其处理方法

A　排风机停车

排风机停车故障发生的原因是：

(1)排风机负荷过大；

(2)机械设备或电气设备发生故障；

(3)电压低，电流不稳。

排风机停车故障处理的方法是：

(1)停止下料，减少油量，保持窑内温度，使窑慢转；

(2)关小前风门或停止鼓风。

B　鼓风机停车

鼓风机停车原因与排风机停车原因相同。

鼓风机停车故障处理的方法是：

(1)停电收尘；

(2)减少油量，关小排风机或停排风机；

(3)减料到最少或停止下料，使窑慢转，保持窑内温度。

C　饲料机或入窑螺旋停车

饲料机或入窑螺旋停车故障发生的原因是：

(1)设备负荷过大；

(2)电压低，电流不稳；

(3)电气设备或机械设备发生故障。

饲料机或入窑螺旋停车故障处理的方法是：

(1)如果是饲料发生故障时，应采取人工加料维持生产，并及时组织抢修；

(2)入窑螺旋发生故障时，在20min可以修好的，可关小油门及前后风门，使窑慢转烘窑；如果超过20min不能修好，可按短期停窑处理。

D　冷却机或吹灰机系统发生故障

冷却机或吹灰机系统发生故障时处理的方法是：

(1)根据情况减料或停止下料；

(2)减少油量，关小前后风门；

(3)开大冷却水；

(4)短时间能处理好时，可烘窑保温；短时间处理不好时，就需停窑处理。

E　停电

停电时处理的方法是：

(1)开动事故电机，防止窑体弯曲变形；

(2)迅速关闭油门,打开回油管路用蒸汽冲刷油枪;
(3)关闭前后风门;
(4)来电后按顺序开车,送油、提温、下料。

6.2.2 流态化煅烧工艺

流态化煅烧工艺即物料在流态化状态下与气体进行热交换,完成煅烧过程。此方法的热交换非常强烈,能大大缩短煅烧时间。流态化煅烧炉结构紧凑,设备简单,占地面积小,投资少,由于没有转动部分,所以可以用较厚的隔热层来减轻辐射热损失。目前,流态化煅烧工艺有沸腾闪速煅烧和循环沸腾煅烧两种,被氧化铝厂广泛应用。

6.2.2.1 沸腾闪速煅烧工艺

沸腾闪速煅烧工艺设备流程如图6-2所示。

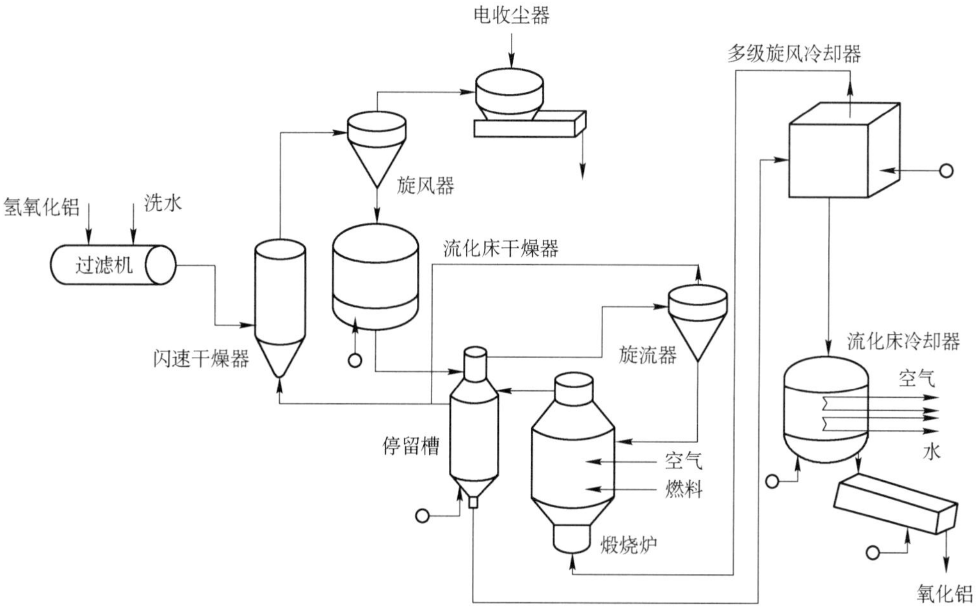

图6-2 沸腾闪速煅烧工艺设备流程

沸腾闪速煅烧炉是一个具有锥顶和锥底的立式圆柱体。燃烧用的热空气从炉底部吹入,而燃料(天然气或重油)从圆柱体下部周边的12支油枪喷入,在闪速煅烧过程中实现完全燃烧,并达到最高温度1100~1200℃。经过预热煅烧的氧化铝从旋风分离器出来,经倾斜管进入煅烧炉中央。煅烧后的氧化铝和废气从煅烧炉顶部排出,进入停留保温槽的分离器中,分离出来的氧化铝粒子落到停留槽底部的流化床上。

产品氧化铝的最终特性是在煅烧温度下通过控制氧化铝粒子的平均停留时间来达到的。这就需要控制物料的出料量,改变挟物料的气体在炉底部与上部的压差。由停留槽排出的气体用于预热干燥后的氢氧化铝,而排出的氧化铝经三级旋风器与空气进行三级逆流热交换后,最终经流化冷却器(上层设有管式空气热交换器,下层设有水冷管束)达到冷却的目的。被预热的空气送入预热炉,预热后再去煅烧炉供重油燃烧用。

含水约 10% 的湿氢氧化铝经皮带输送机送入储仓，再由振动漏斗下到皮带秤，计量后经管式螺旋进入文丘里干燥器，被温度约 400℃ 的废气干燥后进旋风分离器，由分离器分离出的干氢氧化铝经由一竖管落入流化干燥器内，流化干燥器不仅可以平衡供料的波动，还可以保证物料的彻底干燥，温度低于 300℃ 的废气（流化干燥器排出）经电收尘净化后，由烟囱排入大气。

流化干燥后的氢氧化铝按一定流量向下经过一根竖管和控制阀，经气动输入管送入停留槽上部，与 1050℃ 的热气体混合后进入旋风分离器中进行气固分离，约 400℃ 的热气体送入文丘里干燥器的底部，氧化铝粒子借重力则通过一根倾斜管道进入煅烧炉进行煅烧。已煅烧好的氧化铝和 850 ~ 1250℃ 废气从煅烧炉排出，进入停留槽的旋风分离器中。气固相分离后的氧化铝粒子落到停留槽底部的流化床上，达到所要求的平均停留时间后，热的氧化铝从停留槽经流化竖管和耐热的控制阀，由气动输送到旋风器的入口，空气和固体粒子在旋风器中分离后，固体粒子掉入旋风器的出口，而被加热的空气去预热炉。氧化铝由旋风器经竖管排入流化冷却器内，冷却至 80℃ 后经由一个卸料阀排出，再由皮带运输机系统或浓相气体输送系统送往氧化铝仓库。

6.2.2.2　循环沸腾煅烧工艺

循环沸腾煅烧工艺设备流程如图 6 - 3 所示。

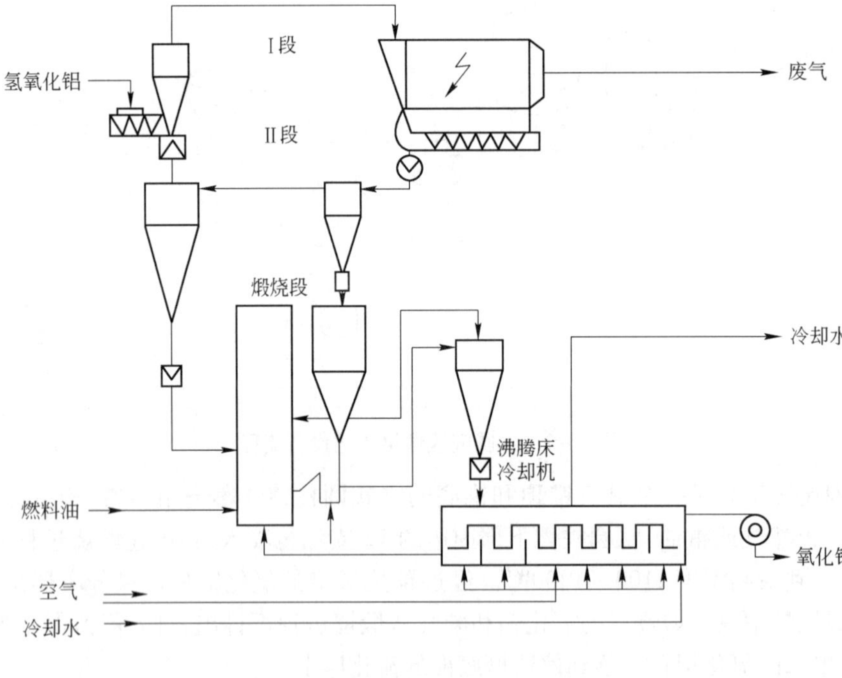

图 6 - 3　循环沸腾煅烧工艺设备流程

循环沸腾煅烧工艺设备系统是由两级文丘里沸腾预热器、带有再循环旋流器的沸腾煅烧炉和五级沸腾冷却器 3 个部分组成的。

循环沸腾煅烧工艺的流程是：湿的氢氧化铝（水分约 12%）经皮带秤和螺旋送入第一级文丘里干燥器内烘干附着水，物料与烟气在电收尘器中分离，排出的烟气温度约 130℃，含尘量低于500mg/m³。分离出的干氢氧化铝由空气扬升器送入第二级文丘里预热器,被煅烧炉出来的热烟气加热到300~400℃并脱掉部分结晶水后,经旋风器分离后加入到沸腾炉中进行煅烧。旋风器排出的烟气进第一级文丘里干燥器加热湿氢氧化铝。

物料在煅烧炉内于1100~1200℃下进行循环沸腾煅烧,脱掉剩余的结晶水并进行晶型转变。物料在循环中的平均停留时间为30~60min。旋风分离器排出的热烟气(1000℃以上)送第二级文丘里预热器。由于气流速度大,物料循环量大和固相浓度低,有利于传质和传热,所以煅烧炉的单位截面产能高,产品氧化铝质量稳定。

从循环煅烧炉排出的氧化铝与从冷却器来的热空气在旋风器载流换热,把空气温度提高到850℃,送入煅烧炉(作为二次气)。氧化铝流入沸腾冷却器,先经二级沸腾冷却使氧化铝温度降到280℃左右,蛇形管中的空气被间接加热到550℃(燃烧用一次空气),再经三级沸腾冷却把氧化铝温度进一步降至80℃,同时把蛇形管中的软水预热(供洗氢氧化铝用)。

7 分解母液的蒸发与苏打的苛化

在生产过程中，由于赤泥的洗涤、氢氧化铝的洗涤以及蒸汽直接加热等使多余的水进入到生产流程中。在拜耳法生产过程中，因为氧化铝的溶出率是随着循环母液苛性碱浓度的提高而上升的，如果不蒸发掉多余的水，就会导致循环母液浓度降低，氧化铝溶出率下降；而在烧结法生产过程中，生料浆的水分过大，将影响熟料窑的操作，使熟料窑产能下降。因此，必须排除在生产过程中加入的多余水分，以保持生产系统的液量平衡，使生产顺利进行。

拜耳法流程中多余水分的排除有 4 种途径：

(1)作为赤泥的附液而排除；

(2)作为氢氧化铝的附液而排除；

(3)作为自蒸发气体而排除；

(4)蒸发过程的排除。

这 4 种途径中，前 3 种排除的水分量较少，而绝大多数的水分要靠蒸发排除。

烧结法流程中多余水分的排除有 5 种途径：

(1)作为赤泥的附液而排除；

(2)作为氢氧化铝的附液而排除；

(3)作为自蒸发气体而排除；

(4)熟料烧结排除；

(5)蒸发过程的排除。

前三种排除的水分量较少，而绝大多数的水分要靠后两种排除。但由于熟料烧结对入窑炉料的水分含量有限制，所以也必须靠蒸发来排除大量的水分。

实际中，每生产 1t 氧化铝需要蒸发的水量取决于铝土矿的类型和质量、生产方法、采用的设备以及作业条件等因素，因此蒸发水量差别很大。我国的碱石灰烧结法每生产 1t 氧化铝需要蒸发 2 ~ 3t 的水分；我国拜耳法厂处理一水硬铝石型铝土矿，当采用铝硅比为 9、直接加热溶出、加热温度为 245℃的工艺条件时，每生产 1t 氧化铝需要蒸发 7 ~ 8t 水分；我国联合法厂处理一水硬铝石型铝土矿，当采用铝硅比为 10、直接加热溶出、溶出温度为 245℃的工艺条件时，生产 1t 氧化铝需蒸发 5 ~ 6t 水。

7.1 分解母液中各种杂质在蒸发过程中的行为

蒸发过程是热能的传递过程，因此，提高传热系数是提高蒸发器产能和降低气耗的决定性因素，而导致蒸发器传热系数降低的主要原因是加热管壁的结垢。

结垢的主要成分是碳酸钠、硫酸钠和二氧化硅。为了防止或减轻加热管的结垢，必须了解母液中的碳酸钠、硫酸钠和二氧化硅在蒸发过程中的行为。

7.1.1 碳酸钠在蒸发过程中的行为

7.1.1.1 种分母液中的碳酸钠的来源

种分母液中的碳酸钠的来源有4个途径：
(1)原料铝土矿中的碳酸盐；
(2)石灰中的碳酸盐；
(3)铝酸钠溶液在流程中吸收空气中的二氧化碳而生成的碳酸钠；
(4)如果为联合法流程,从烧结系统来的溶液也会带入不少碳酸钠。
在生产过程中,铝酸钠溶液中的碳酸钠浓度是通过上述4种方式逐渐积累增大的。

7.1.1.2 碳酸钠在铝酸钠溶液中的特性

碳酸钠在铝酸钠溶液中的特性是：
(1)碳酸钠在铝酸钠溶液中的饱和溶解度是随着苛性碱浓度的升高而降低的；
(2)碳酸钠在铝酸钠溶液中的饱和溶解度随着温度升高而增大。

7.1.1.3 碳酸钠在蒸发过程中的行为

随着蒸发的进行,溶液苛性碱浓度在不断地升高,到一定程度就会有碳酸钠结晶析出,如果温度低,析出会更多。这其中就有一部分会在蒸发器加热表面上形成结垢,降低热能传递,导致蒸发效率降低。

7.1.2 硫酸钠在蒸发过程中的行为

7.1.2.1 种分母液中的硫酸钠的来源

种分母液中的硫酸钠的来源有两个途径：
(1)铝土矿中的含硫矿物(如黄铁矿)与苛性碱反应进入流程；
(2)如果为联合法流程,种分母液的硫酸钠则主要由烧结法溶液带入。
在生产过程中,铝酸钠溶液中的硫酸钠浓度是通过上面两种方式逐渐积累增大的。

7.1.2.2 硫酸钠在铝酸钠溶液中的特性

硫酸钠在铝酸钠溶液中的特性是：
(1)硫酸钠在铝酸钠溶液中的饱和溶解度是随着苛性碱浓度的升高而降低的；
(2)硫酸钠在铝酸钠溶液中的饱和溶解度随着温度升高而增大。

7.1.2.3 硫酸钠在蒸发过程中的行为

在蒸发过程中,溶液苛性碱浓度在不断地增大,到一定程度时硫酸钠就会与碳酸钠一起结晶析出,形成一种水溶性的复盐芒硝碱($2Na_2SO_4 \cdot Na_2CO_3$)结晶析出。芒硝碱还可以与碳酸钠形成固溶体,在它的平衡溶液中硫酸钠的浓度更低,从而在蒸发器加热表面上形成结垢,降低热能传递,导致蒸发效率降低。

7.1.3　二氧化硅在蒸发过程中的行为

7.1.3.1　二氧化硅在铝酸钠溶液中的特性

二氧化硅在铝酸钠溶液中的特性是：

(1)二氧化硅虽在溶液中的含量是过饱和的，但在蒸发之前以铝硅酸钠结晶析出的速度很慢；

(2)二氧化硅在铝酸钠溶液中的溶解度随着溶液浓度的升高而增大，溶液浓度越大，二氧化硅越不容易析出；

(3)二氧化硅在铝酸钠溶液中的溶解度随着溶液温度的升高而降低。

7.1.3.2　在蒸发过程中的行为

二氧化硅在蒸发过程中，如果是高温、低浓度的作业条件，则有利于铝硅酸钠结晶析出。

7.2　蒸发操作工艺

7.2.1　蒸发作业流程类型

蒸发作业流程可分为单效蒸发流程和多效蒸发流程。

单效蒸发流程是指溶液蒸发所产生的二次蒸汽直接冷凝不再利用于本系统中的蒸发作业。多效蒸发流程是指溶液蒸发所产生的二次蒸汽引入另一个蒸发器的加热室作为该蒸发器的加热蒸汽的蒸发作业。

由于单效蒸发不能充分利用热能，汽耗损失大，为节约能源，在工业生产中一般均采用多效蒸发作业流程。我国氧化铝生产厂多采用3～5效蒸发作业流程。

在多效蒸发流程中，由于前一效的二次蒸汽被利用来作次一效的热源，所以次一效的溶液沸点必须低于前一效溶液的沸点，否则，蒸发将无法进行。生产中是采用抽真空的办法来达到此目的的。

根据蒸发器中溶液和蒸汽的流向不同，蒸发流程可分为顺流、逆流和错流等3种流程。3种蒸发流程如图7－1所示。

7.2.1.1　顺流

顺流蒸发流程如图7－1(a)所示。新蒸汽从蒸发流程的Ⅰ效加入，由Ⅰ效所产生的二次蒸汽作为下一效的加热蒸汽，Ⅱ效所产生的二次蒸汽作为Ⅲ效的加热蒸汽，以此类推，Ⅳ效的二次蒸汽排至水冷器。同时溶液也进入第一效，并依次进入Ⅱ、Ⅲ、Ⅳ效蒸发器。溶液和蒸汽走向一致。

顺流作业的特点是：

(1)顺流作业由于后一效蒸发室内的压力较前一效的低，所以可借助于压力差来完成各效溶液的输送，不需要用泵输送；

(2)由于前一效的溶液沸点较后一效的高，所以自蒸发量较大；

(3) Ⅰ效温度高，浓度低，有利于铝硅酸钠的结晶析出。

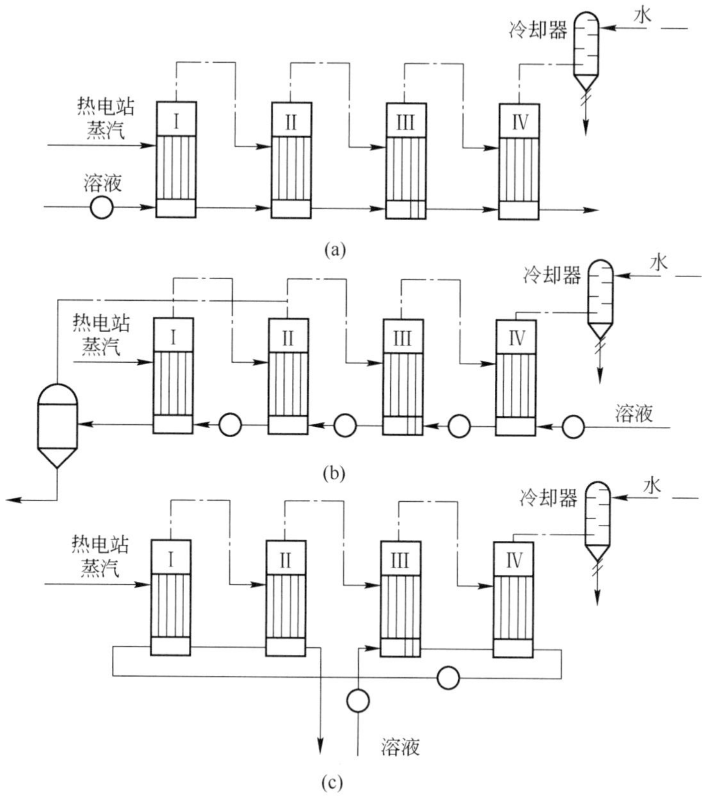

图 7－1 蒸发流程

(a)顺流;(b)逆流;(c)错流

7.2.1.2 逆流

溶液的流向和蒸汽的流向完全相反,即溶液从Ⅳ效加入,由Ⅰ效排出,蒸汽由Ⅰ效加入顺次流至Ⅳ效,如图 7－1(b)所示。

逆流作业的特点是:

(1)溶液浓度越大,蒸发温度也越高,各效间黏度变化不大,传热较高;

(2)铝硅酸钠的析出受到抑制;

(3)溶液从末效加入,Ⅰ效排出,溶液需用泵输送,增加了电能的消耗;

(4)由于溶液的温度和浓度同时升高,溶液对加热管的腐蚀作用加强,从而加热管的寿命受到影响。

7.2.1.3 错流

既有顺流又有逆流的作业流程称为错流,如图 7－1(c)所示。新蒸汽进入Ⅰ效,溶液进入中间效。

错流作业流程的特点介于顺流和逆流之间。在生产过程中,往往采用多种流程交替作业(如Ⅲ—Ⅳ—Ⅰ—Ⅱ)等,其作用是可以起到清洗蒸发器管内结疤、提高蒸发效率的目的。

7.2.2　蒸发设备及流程的选择

蒸发设备目前有标准式中心循环管式蒸发器（见图 7－2）、外加热式自然循环蒸发器（见图 7－3）、强制循环蒸发器、膜式蒸发器和绝热自蒸发器 5 种。

蒸发设备由蒸汽热交换器（即加热室，进行蒸汽冷凝传热）、从溶液中分出二次蒸汽的空间（即蒸汽室）和分离液沫的装置（即分离器）等所组成。

在氧化铝生产中，母液蒸发的设备和作业流程的选择是根据溶液中杂质含量和对循环母液浓度的要求，以及有利于减轻结垢和提高产能而进行选择的。

我国氧化铝厂的种分母液的蒸发多采用外加热式自然循环蒸发器，Ⅲ～Ⅴ效作业，逆流操作法；而烧结法的循环碳分母液浓度一般为 180～200g/L，在此浓度下，碳酸钠和硫酸钠在蒸发过程中不至于大量析出，一般采用标准式中心循环管式蒸发器，Ⅲ效作业，逆流操作法。

逆流操作的目的是清除蒸发器管内结疤，提高蒸发效率。

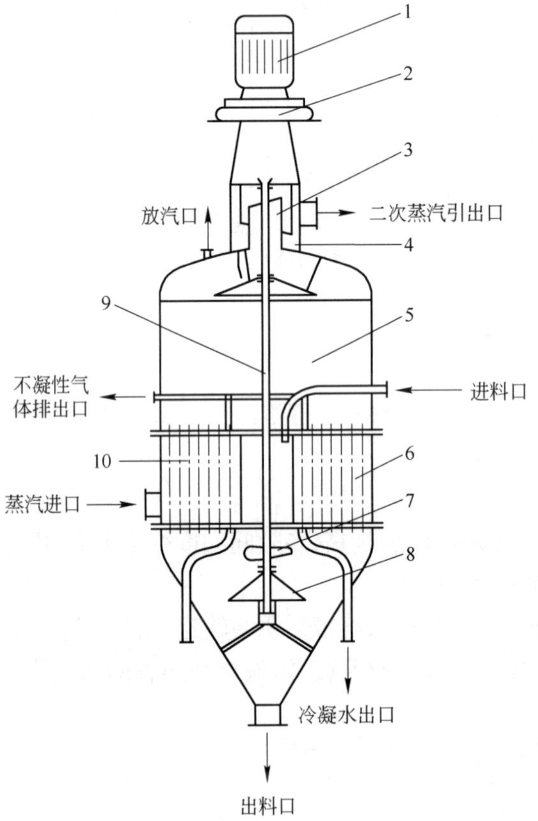

图 7－2　标准式中心循环管式蒸发器

1—立式电机；2—减速器；3—蒸汽折流筒；4—液汽分离室；5—蒸发室；6—加热室；7—搅拌桨；8—锥形罩；9—搅拌轴；10—中心循环管

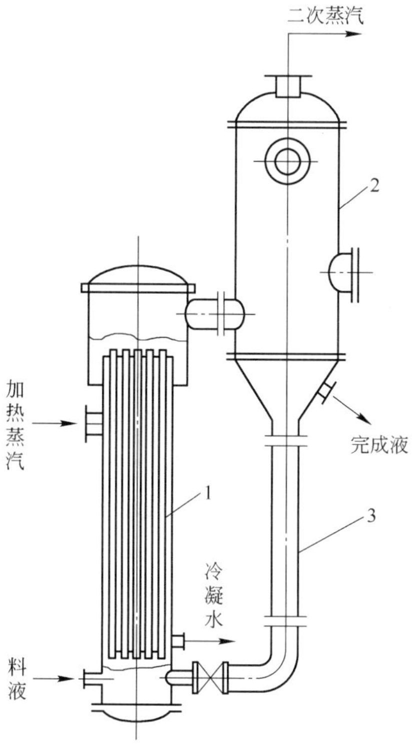

图7-3 外加热式自然循环蒸发器

1—加热室;2—蒸汽室;3—循环室

7.2.3 蒸发器的操作

7.2.3.1 蒸发器的开车

蒸发器的开车顺序是:

(1)开车前,详细检查蒸发器本身及附属设备,确定无问题时才能开车;

(2)先开启水冷器循环上水和真空泵或水喷射泵,进行提真空操作;

(3)开启原液泵向蒸发器进料来升液面;

(4)同时打开不凝性气体阀门和凝结水阀门,进行排水排气;

(5)当Ⅰ效有液面后,便联系送汽单位送汽,并缓慢地提压;

(6)待热水槽有水后开启凝结水泵;

(7)溶液出料进行循环,当浓度合格后转入正常出料。

7.2.3.2 蒸发器的停车

蒸发器的停车顺序是:

(1)将凝结水排入不合格回水槽;

(2)停止进料,并联系供汽单位,缓慢降压;

(3)再停真空泵和循环上水;

(4)蒸发器内合格的料按出料处理,不合格的料返回原液槽;

(5)料出净后加水煮罐,根据实际情况进行清理工作。

7.2.3.3　正常运行时的操作

A　使用汽压的控制

使用汽压越高,有效温差越大,蒸发效率也就越高。但在实际生产中,使用汽压的提高是有限制的,因为提高使用汽压可能会产生两种结果:一种结果是总真空度不变,提高使用汽压,结果总温差增大,有利于蒸发效率的提高;另一种结果是生产上真空度的提高是有限制的,过度提高使用汽压会引起总真空度下降,使总温差减小,结果使蒸发效率反而降低。所以在真空度一定时,要对使用汽压进行控制,要保持在一规定值以下。

在蒸发过程中,汽室压力随溶液浓度(沸点增加)不断地增加而自动地上升,当各效的溶液浓度控制在一定值时,汽室压力便不再升高。但当结疤严重时,温差小,传热速度慢,汽室压力又会逐渐地自动上升到某一规定值。此时应停车洗蒸发器管壁。

在操作中稳定汽压十分重要,若汽压不稳定,波动太大,将导致蒸发器组的操作紊乱,甚至会引起影响生产的重大事故等。

所以,操作者要勤观察汽室压力,出现波动要及时处理。

B　真空的调节

在多效真空蒸发时,系统中保持一定的真空,其目的在于降低溶液的沸点,以保持一定的有效温差,并使二次蒸汽充分地利用和顺利地排除。

蒸发器组的总温差取决于第Ⅰ效的新蒸汽压力和末效的真空度。当使用汽压一定时,真空度越高,总温差也就越大。但由于设备的原因,真空度的提高是有限制的,所以真空度一般在 80 ~ 88kPa。

稳定真空度是蒸发器组操作的主要内容之一。真空的波动势必影响到其他技术条件的变化,会引起汽压波动、液面波动等,使整个蒸发器组的热平衡受到破坏,导致蒸发效率的降低、跑碱等不良后果。

C　液面的控制

蒸发器的液面一般控制在第一目镜的1/2处。保持操作液面是蒸发器组正常运转的标志。

液面过高,液柱静压增加,不仅影响蒸发效率,而且易造成跑碱事故;液面过低,溶液的沸腾猛烈,又易造成严重的雾沫夹带。

对液面的控制是用进、出料量来进行调节的。某效液面的波动必将影响其他各效的液面。因此,当调节某一效液面时,应注意其他各效液面的变化。

D　浓度的控制

蒸发母液浓度主要是根据生产上的要求而定。因此,蒸发母液浓度必须控制在工艺要求范围之内,以满足生产。

我国氧化铝厂种分母液的蒸发浓度为 Na_2O_K:250 ~ 300g/L;碳分母液的蒸发浓度为 Na_2O_C:170 ~ 200g/L。

出料浓度采用调节使用汽压和调整进、出料量来控制。

E　水冷器温度的控制

水冷器出口水温的高低直接影响蒸发器的真空度。出口水温高,蒸发器的真空度下降,蒸发效率低。

通过调节上下水的水量和上水的温度来控制水冷器温度。

F 凝结水及不凝性气体的排除

在蒸发过程中,加热蒸汽放出潜热冷凝成水。凝结水若不及时排除,存积在加热室内,不仅影响传热,而且易发生由于汽、水冲击而产生强烈的振动,影响蒸发的正常进行。

在生产过程中,带入加热室内的不凝性气体是不良导体,在加热室内占了部分的加热面而影响传热,因此,必须及时地排除。

从上述各技术条件的控制和调节可以看出,各项技术条件的稳定操作是特别重要的,这是正常作业的根本保证。因此,在操作时做到五稳定(即汽压、真空度、液面、浓度和出口水温度的稳定)是蒸发器组操作的关键。在生产过程中,各项技术条件是相互关联的,在操作中对某一条件进行调节时,必须考虑到其他条件的变化。

7.2.4 蒸发器组技术条件及指标控制

7.2.4.1 种分母液的蒸发

种分母液蒸发时的指标为:

(1)新蒸汽使用压力一般为0.35~0.5MPa;

(2)末效真空度不低于80kPa;

(3)循环上水温度:冬季不高于28℃,夏季不高于35℃,下水温度不高于60℃;

(4)新蒸汽的凝结水碱含量不大于0.01g/L,二次蒸汽凝结水碱含量不大于0.03g/L;

(5)水冷器循环上、下水碱含量差不大于0.05g/L;

(6)Ⅰ、Ⅱ效液面控制在第一目镜的1/2处,沸腾液面不得超过第三目镜,末效看到沸腾液面即可;

(7)蒸发母液苛性碱浓度控制在250~300g/L。

7.2.4.2 碳分母液的蒸发

碳分母液蒸发时的指标为:

(1)新蒸汽使用压力一般为343kPa;

(2)末效真空度不低于80kPa;

(3)循环上水温度:冬季不高于28℃,夏季不高于35℃,下水温度不高于55℃;

(4)新蒸汽的凝结水碱含量不大于0.01g/L,二次蒸汽凝结水碱含量不大于0.03g/L;

(5)水冷器循环上、下水含碱量差不大于0.05g/L;

(6)各效液面控制在第一目镜的1/2处,沸腾液面不得超过第三目镜;

(7)蒸发母液全碱浓度控制在170~200g/L。

不同氧化铝厂控制的指标不完全相同。

7.2.5 蒸发器常见故障发生的原因与处理的方法

7.2.5.1 蒸发器跑碱

蒸发器跑碱是蒸发过程中出现的主要故障,表现为凝结水含碱。

蒸发器跑碱故障发生的原因是:

(1)蒸发的气体雾沫夹带严重;
(2)加热管泄漏;
(3)泵停或输料管堵塞。
蒸发器跑碱故障判断的方法是:
(1)液面过高导致真空度急剧波动,或液面过低导致溶液剧烈沸腾,则可判断为雾沫夹带;
(2)新蒸汽凝结水带碱、蒸发器振动、新蒸汽凝结水有时带碱或有时不带碱,则可判断为加热管泄漏;
(3)该效液面过高和后一效液面降低则可判断为泵停或输料管堵塞。
蒸发器跑碱故障处理的方法是:出现跑碱,立即将被污染的凝结水改排至排污管进入不合格水槽,然后找出原因进行处理。具体是:
(1)如果是雾沫夹带,则调节真空度和汽压,稳定液面;
(2)如果是加热管泄漏,则停车打压,查出漏管,并把漏管两头堵死;
(3)如果是泵停或输料管堵塞,则停车检修。

7.2.5.2 真空度突然降低

真空度突然降低故障发生的原因是:
(1)真空泵不正常或突然跳闸;
(2)水冷器的循环上水不足或突然停水;
(3)使用汽压突然升高,或机组出现漏真空;
(4)凝结水泵出问题,汽室积水过多等。
真空度突然降低故障处理的方法是:
(1)检查真空泵的运行,如果不正常,停车处理;
(2)检查循环上水,如果不正常,通知相应岗位尽快解决;
(3)检查新蒸汽的汽压,如果不正常,通知相应岗位尽快解决;
(4)检查凝结水泵的运行,如果不正常,停车处理;
(5)如果上述情况都正常,则停车打压机组找机组的漏气处。

7.2.5.3 蒸发器液面过高

蒸发器液面过高故障发生的原因是:
(1)管道漏真空;
(2)导料泵运行不正常;
(3)管道堵塞;
(4)使用汽压和蒸发室真空度波动。
蒸发器液面过高故障处理的方法是:
(1)调整管道,检修漏的管道;
(2)检修导料泵;
(3)调整管道,用高压水冲洗堵塞的管道;
(4)稳定使用汽压和真空。

7.2.5.4 蒸发器振动

蒸发器振动故障发生的原因是：
(1)加热管泄漏；
(2)凝结水排不出；
(3)蒸发器液面过低；
(4)汽室积水。
蒸发器振动故障处理的方法是：
(1)停车后打压堵漏；
(2)检查凝结水管道是否堵塞；
(3)调整液面；
(4)开大汽室凝结水出口阀门。

7.2.5.5 突然停电

突然停电后，应打开放汽阀进行放汽，并通知锅炉岗位停汽，关闭各效进、出口阀门。

7.3 蒸发器结垢的清理

为了保持蒸发器具有良好的传热性能和较高的产能，蒸发器加热表面上已经形成的结垢必须及时进行清除。清除的方法可根据结垢的化学组成和性质，采用不同的方法进行。蒸发器的结垢分为易溶性和难溶性两种。碳酸钠和硫酸钠的结垢属于易溶性的，均能溶于水。铝硅酸钠的结垢属于难溶性的，不溶于水，且质地坚硬。

7.3.1 易溶性结垢的清理

7.3.1.1 倒流程除垢

倒流程清除结垢的方法实质上是原液煮罐法。在生产过程中，如原作业流程为Ⅲ—Ⅰ—Ⅱ，经过一段时间生产后倒为Ⅱ—Ⅲ—Ⅰ流程，这样每隔一定时间就倒一次的方法就称为倒流程。倒流程能起到洗罐的作用，因为在多效蒸发作业中，各效的溶液浓度不一样，进料效浓度低不易结垢，出料效浓度高易结垢。当结垢达到一定程度时，进行倒流程，使出料效改成进料效，由于进来的溶液浓度低，不但不结垢，反而能将结垢溶解，从而起到消除结垢的目的。这样在生产过程中进行，既生产又洗罐，方法简便，效果良好，是一种很好的除垢方法。

7.3.1.2 水煮除垢

倒流程能起到清除结垢的作用，但不够彻底，因此，在生产一定时间后，结垢严重时，需要用水彻底煮一次，标准式中心循环管式蒸发器水煮时间为2～4h，外加热式自然循环蒸发器水煮时间为4～6h。此法操作比较简单，除垢比较彻底。但需要开、停车操作和煮罐时间，因而降低了设备运转率，热损失较大。

7.3.1.3 通死眼除垢

在生产过程中，由于结垢严重，有的加热管被大量的结晶或是其他固体物质堵塞成为死眼。在水煮时又未能煮化，因此需要进行通死眼。

通死眼的方法是：先将蒸发器进行水热，然后将水放掉，打开人孔进行冷却；再把比加热管稍小的胶皮管的一端接上水源（一般是用具有一定温度的凝结水），另一端缚上缩口钢管，插入加热管内进行冲击和溶化结垢，直至通开。

此法劳动强度较大，工作条件较差。

7.3.2 难溶性结垢的清除

生产上常采用硫酸法和高压水冲击法清除难溶性结垢。

硫酸法的原理是硫酸与形成结垢的铝硅酸钠反应，生成可溶性的硫酸钠，从而破坏铝硅酸钠的结构，使结垢松软，并使之脱落而达到除垢的目的。操作方法为：用 6% ~8% 的稀硫酸加入缓蚀剂 1% ~2% 配成的硫酸洗液对蒸发器进行 6 ~8h 的冷洗，则可将难溶性结垢清除。

高压水冲击法是用压力为 30 ~50MPa 的高压水清除结垢，它尤其适合于加热管壁的个别清除。

除了上述常用的几种清除结垢方法外，还有机械除垢法和碱法除垢法等方法。目前，不同氧化铝厂采用的除结垢的方法不尽相同。

7.4 苏打的苛化

用拜耳法生产氧化铝时，循环母液中的苛性碱每循环一次大约有 3% 被反苛化为碳酸碱，这些碳酸碱在蒸发过程中以一水碳酸钠的形式结晶析出，从而造成苛性碱损耗。为了减少苛性碱消耗，单独的拜耳法生产氧化铝厂需要将析出的碳酸钠进行苛化处理，以回收苛性碱。

拜耳法的一水碳酸钠的苛化是采用石灰苛化法，即将一水碳酸钠溶解，然后加入石灰乳进行苛化。其苛化反应式为：

$$Na_2CO_3 + Ca(OH)_2 \xlongequal{} 2NaOH + CaCO_3$$

Na_2CO_3 转变为 NaOH 的转化率（即苛化率）越高越好。但欲获得高的苛化率，苛化反应必须是在溶液中 Na_2CO_3 浓度较低的条件下进行。原始溶液中 Na_2CO_3 浓度与达到平衡后的苛化率的关系见表 7 -1。

表 7 -1 Na_2CO_3 的质量分数与苛化率的关系

溶液中 Na_2CO_3 的质量分数/%	4.8	9.0	10.3	13.2	15.0	18.8
苛化率/%	99.1	97.2	95.0	93.7	91.2	84.8

由表 7 -1 中数据可见，在原始溶液中，碳酸钠含量越高，苛化效率越低。即在苛性化后溶液中苛性钠相对含量越少。

随温度升高，平衡常数 K 因氢氧化钙溶解度降低而减小，因而苛化率将降低，但实际上，苛化过程是在较高温度（100℃左右）的条件下进行的，这样虽然苛化效率有所降低，但化学反应速度增加了；另一方面，溶液黏度降低，改善了碳酸钙沉淀的结晶，其沉降速度增大，易于分离。

苛化流程为:先将补充的碱粉用热水溶化;碱水与蒸发后所析出的结晶碱 $Na_2CO_3 \cdot H_2O$ 一起送化灰机与石灰一同消化;消化后送苛化反应桶苛化,苛化浆液沉降分离,溢流液送蒸发器蒸浓,使浓度满足生产要求;苛化渣浆经过滤,滤渣送往赤泥沉降洗涤系统,滤液返回苛化浆澄清桶。一水碳酸钠的苛化流程如图 7-4 所示。

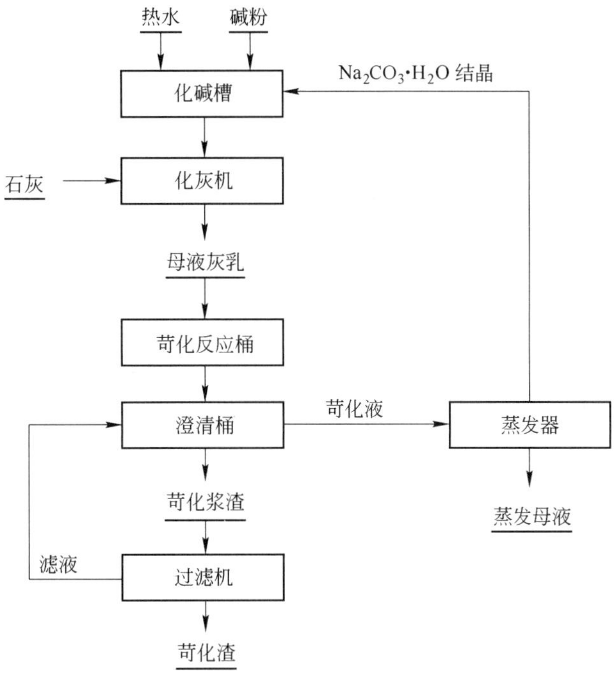

图 7-4　一水碳酸钠的苛化流程

一水碳酸钠苛化的技术条件是:

(1)苛化原液碳酸钠浓度 100 ~ 160g/L;

(2)石灰添加量 70 ~ 110g/L;

(3)苛化温度不低于 95℃;

(4)苛化时间 2h;

(5)溢流苛化液浮游物浓度不高于 1.0g/L;

(6)苛化渣滤饼含水率低于 45%;

(7)苛化效率不低于 85%。

我国大多数氧化铝厂目前采用的流程为混联法,拜耳法系统的种分母液蒸发析出的一水碳酸钠进入烧结法系统使用,因此,无需单独苛化。

8 氧化铝生产的安全与环境保护

8.1 高压溶出车间的安全技术与防爆措施

氧化铝厂,包括各生产车间或工段,必须贯彻以人为本,即“人的生命是最为宝贵的”原则。首先和最重要的就是保障每个职工的生产安全,要全面落实“安全第一,预防为主,综合治理”的方针。

8.1.1 高压溶出车间的安全技术

高压溶出车间的安全技术要求有:

(1)熟悉并能严格执行溶出工序安全技术规程的人员才能允许操作设备。工人在培训期间,只有和有经验的工人在一起并在其指导下才允许操作。新进厂的工人,应在安全技术科进行厂级安全教育和经考核安全技术知识合格后,才能允许独立操作。

(2)操作人员上岗时必须穿工作服、戴安全帽和配备个人专用安全用品。在工段要有急救医疗箱。

(3)溶出车间的温湿条件应符合大量散热、排湿厂房的卫生标准。

(4)无检测仪表和安全装置的压力容器禁止运行,并且在国家规定的时间内进行技术检查。

(5)安装溶出器的厂房至少有 4 个出口(在同标高上,2 个在楼下,2 个在楼上)。

(6)操作台上应设有洗眼睛用的自来水瓶(距设备的最大距离不应超过 50m),还设转向气窗。

(7)所有位于地平面 1.5m 以上的操纵台及过桥、地坑和梯子应装设高 10m 的护栏,从护栏根起覆有至少 0.14m 高的护板。常用操作台的梯子斜度应为 45°;不常用操作台的梯子斜度可为 60°。设备间的过道宽度不小于 1.0m,强烈散热设备间的过道宽度应不小于 1.5m。

(8)为预防发生机械设备事故,在操作机械设备过程中必须严格禁止:

1)在运行中进行清理和检修作业;

2)手工(不用专用工具)给部件或零件加油;

3)无护栏运行和在运行中安装与加固护栏;

4)运行期间越过护栏;

5)无护栏和不停止通风的情况下作业;

6)在需要设备停车的作业中,必须关闭电动机、切断电源,并在启动装置按钮、开关等上挂上“禁止合闸,有人工作!”的标志牌;

7)出现紧急情况时,操作人员应按企业根据自己的特点制定的工艺规程细则处理。当发生威胁人身安全或妨碍人们排除正常工作的设备故障时,每个工作人员都有责任采取措施,尽快排除故障。

(9)压力设备在规程规定的下列情况下必须停车:

1)虽然严守规程中的一切要求,但是容器内的压力仍然超过了允许值;

2)安全阀发生故障;

3)在容器的主要元件上发生裂缝、凸出、容器壁明显变薄、焊缝开焊或渗漏、螺栓连接和铆接处漏料和打垫子;

4)发生直接威胁压力设备的火灾;

5)压力表发生故障和不能用仪器测定压力;

6)顶盖人孔上的紧固件损坏或不全;

7)安全连锁装置发生故障;

8)设计中规定的检测仪表和自动装置发生故障(或缺少)。

8.1.2 高压溶出车间的防爆措施

物质从一种状态迅速转化为另一种状态,由于巨大的能量在瞬间释放造成一种冲击波的现象称为爆炸。爆炸通常可分为物理性爆炸和化学性爆炸两种类型。物理性爆炸是指受压设备,如蒸汽锅炉、压缩机汽缸、高压容器及管道,因内部受力过大而突然破裂所形成的爆炸,它一般不伴随温度升高和燃烧,其主要原因常是操作失误和设备缺陷或失效。化学性爆炸是指几种物质在瞬间内经过化学变化,转变成另外一种或几种物质,在极短时间内产生大量的热和气体产物,随之产生破坏性极大的冲击波。

高压溶出车间是使用高压容器设备的生产车间,因此必须重视防爆事故的发生,特别是自美国凯撒公司格拉默西(Gramercy)氧化铝厂发生重大爆炸事故的案例后,引起世界各国氧化铝工业生产、设计、管理等方面人员的震惊和对防爆工作的普遍重视。

位于美国路易斯安那州的美国凯撒公司格拉默西氧化铝厂(生产各种冶金用氧化铝和非冶金用氧化铝产品,产能超过 10^6 t/a)曾是凯撒公司安全生产工作做得最好的工厂,该厂获得美国国家生产安全与健康局(MSHA)认定。但是,具有讽刺意味的是,该厂竟于 1999 年 7 月 5 日发生了重大爆炸事故,炸毁了高压溶出生产区,使厂房夷为平地,正常生产完全停止,有 24 名工人受伤,其中 18 人需住院治疗。但爆炸幸好未对周边环境、当地居民构成威胁和危害,只是爆炸震波和尘埃对当地居民造成了较小的财产损失。爆炸事故发生后,经过调查分析,其原因是由于电力供应中断且故障不能及时排除,引起泵停止工作,导致高压溶出的最后一级密闭容器——排气罐的压力超过极限而发生爆炸。凯撒公司重建格拉默西氧化铝厂花了一年半多的时间,耗资 2.75 亿美元。

防爆的安全措施原则是杜绝事故和灾害产生的根源,减少灾害造成的损失。高压溶出车间预防爆炸事故发生的主要措施是:

(1)设备和管道的设计、制造、安装与试压等均应符合国家现行的有关标准和规范,如《高压化工设备施工及验收规范》(HGJ 208—1983)、《爆炸危险现场安全规定》(劳部发,1995)等。

(2)所有压力容器均应安装压力表和防爆装置(如安全阀和放空管等)。

(3)平时应注意维护设备防爆装置,如压力表损坏及安全阀生锈失灵等应及时修复。

(4)避免设备或管道的操作压力超过设计允许值的措施是:

1）设置压力调节阀自动调节高压溶出设备或管道系统的压力；

2）设置安全阀。当系统压力超过某一指定值时，安全阀自动起跳；当压力恢复后，安全阀自动复位。安全阀的设定压力取为设备的设计压力；

3）设置紧急动作阀门。当压力超过极限值后，紧急动作阀门起作用，使全程打开阀门进行泄压。

4）设置爆破膜。当压力超过一定值时，爆破膜破裂，系统内压力迅速降低。

爆破膜在爆破后，系统必须停车，因此，除非系统内介质有腐蚀性或者系统可能爆炸必须用爆破膜时，在一般情况下，为预防由于操作控制失误引起压力偏离设计值，应采用前三种措施。

（5）为使爆炸万一发生时能减轻其危害程度，设计时应采取的措施是：

1）溶出设备系统厂房建筑设计应采取防爆结构，非燃烧体的钢筋混凝土结构采用轻质房顶等围护结构。

2）需要设置 2 个或 2 个以上的安全出口，可使操作人员有可能在爆炸发生前从安全出口跑出厂房，还可以为闻讯赶到事故现场的职工及时进入抢救创造条件。

3）设置泄压面积。爆炸时可以降低室内压力，避免建筑结构遭受严重破坏。泄压面积的布置要合理，应靠近可能发生爆炸的部位，不要面对人员集中的地方和主要道路。对有爆炸危险的化工厂，泄压面积与厂房体积的比值我国采用 0.05 ~ 0.10m^2/m^3。

4）当仪表动力源（仪表空气和电源）失效时，要使调节阀处于安全所需要的状态。

（6）爆炸事故发生时，为了便于人员疏散，应采取以下措施：

1）将控制室布置于上风向；

2）溶出厂房门一般不应少于 2 个，疏散楼梯的宽度不小于 1.1m，要能同时挤过 2 个人；疏散专用道为迅速地通过两股人流，其宽度不小于 1.4m；

3）对占地面积 3000m^2 以上的设备区，应设置宽度不小于 5m 的直通式或环形通道，以保证紧急车辆，如救护车和消防车的通道畅通。

8.2　氧化铝厂"三废"对环境的影响及其治理

氧化铝厂是大量开采利用铝矿资源、能源、水、土地等的大中型有色冶金企业，其生产过程中排放的大量"三废"（废气、废水、废渣）如果不采取有效措施治理，将会对周围的环境造成污染。

8.2.1　废气和粉尘的污染及治理

8.2.1.1　废气和粉尘的污染

氧化铝厂的废气（或烟气）和粉尘主要来自熟料窑、焙烧窑、水泥窑等生产设备。物料破碎、筛分、运输等过程中也散放大量粉尘，包括矿石粉、熟料粉、氧化铝粉、碱粉、煤粉、煤灰粉等。据统计，每生产 1t 氧化铝排放各类粉尘约 30 ~ 70kg。一个生产规模为 4×10^5t/a 的氧化铝厂，有组织排放含尘废气 1.5 ~ 2.5Mm^3/h。氧化铝厂主要废气污染源及其排气量、粉尘污染源及其排放量分别见表 8 - 1 和表 8 - 2。

此外，热电厂的烟气中还可能含有二氧化硫，但其浓度低，对周围环境影响不大。

表8-1　氧化铝厂主要废气污染源及其排气量

工序或设备	生产1t成品氧化铝的排气量/m^3	废气含尘量监测浓度/$g \cdot m^{-3}$
铝矿、石灰石、燃料破碎、运输	1000~1700	5~15
碱粉拆包、运输	500	<10
熟料窑、冷却机	13300~34000	150~230
氢氧化铝焙烧窑	7000~8500	1000~3400
石灰炉	230~1400	1~5
熟料破碎、运输	2400~5300	1~25
石灰破碎、运输	1250~1500	1~5
锅炉房	约20000	15~20

表8-2　氧化铝厂粉尘污染源及其排放量

厂　名	污染源	排尘浓度/$mg \cdot m^{-3}$	排放量/$t \cdot a^{-1}$	除尘效率/%	监测浓度/$mg \cdot m^{-3}$
山东铝厂	熟料窑	约100	744	99.5	0.313~0.436
	焙烧窑	约480	784	99	
	水泥窑	约1580	8900	96.5	
郑州铝厂	熟料窑	100~380	930.7	99~99.7	0.31~1.433
	焙烧窑	150~230	819	98~99.6	
	水泥窑	1480~5800	7584	29.7~91.2	

根据几年前环境影响评价结果，山东铝厂氧化铝厂粉尘排放量约占所在地区（南定地区）排尘量的90%；郑州铝厂氧化铝厂排尘量为1.5×10^4t/a以上，约占工厂所在地区（上街区）排尘量的2/3。由此可见，氧化铝厂粉尘排放量大，厂址（直径在2~10km范围内）所在地区的人畜、植被和土壤都会受到含尘废气的污染危害。

悬浮在空气中的颗粒物，粒径大于10μm的排放后由于重力作用会很快沉落于地面，所以称为“落尘”或“降尘”。它的主要危害是：大量排放的落尘会造成厂房倒塌；降落到附近的可能造成土壤污染，从而影响植物生长，农田减产；落入水中，可能使鱼类死亡；不同程度地进入循环水系统的裸露水部分，可导致循环水产生沉渣或水垢等。粒径小于10μm的悬浮颗粒物，因其能在空中漂浮很长时间，所以称为“飘尘”。粒径为10μm的粒子沉降到地面需要4~9h；1μm的需要19~98d；而0.1μm的超细粒子则需要绕地球运行5~10年后才能降落到地面。飘尘由于易被人体吸收，所以对人体健康的危害大。飘尘污染早已成为我国城市环境保护中最突出的问题，引起国家对大气中颗粒悬浮物污染治理的高度重视。

长期在含烟尘环境中从事生产劳动，粉尘对人体健康带来不同程度的危害。粉尘的分散度、化学组成、溶解度及吸入的数量等是影响人体受害程度的主要因素。人体呼吸器官对吸入不同粒度的粒子有不同的阻留和吸收作用。对一般粉尘而言，直径大于10μm的落尘，由于在空气中停留时间短，不易被人体吸收，即使能进入呼吸道，也往往被阻留或黏附于鼻腔、鼻咽、气管和上呼吸道内。直径小于10μm的飘尘，由于在空气中浮游，停留时间较长，易被人体吸收，其中5~10μm的尘粒虽然可以到达肺泡管，但是大部分仍被阻留或黏附于呼吸道的黏膜纤毛上，随后通过纤毛运动而逐渐移到咽喉部，最终随痰咳出或咽入消化道；

0.5 ~ 5μm 的粒子可到达并滞留于肺泡内，极易被肺泡及其周围的毛细血管吸收，对组织造成危害；更小的粒子虽然极易被吸入，但是因其保持浮游状态，也能被呼出。

通常悬浮在生产车间空气中的尘粒直径大多在 10μm 以下，其中小于 2μm 的约占 40% ~ 90%，这样大比例的微小尘粒长时间地悬浮在空气中，被人体吸入的机会较多，给人体带来的危害也较大。对于工业惰性粉尘而言，一般尘粒在水中的溶解度越大，对机体潜在危害就越大。

8.2.1.2　废气和粉尘的治理措施

氧化铝厂废气的治理措施主要是：

(1) 熟料窑的烟气应设置烟气除尘（粉尘从烟气中分离出来）设施，采用旋风除尘器和卧式电除尘器两级除尘的处理方法。

烧结法或联合法生产氧化铝的熟料烧成窑烟气中的主要污染物是熟料粉尘和二氧化硫，因此，烟气除尘是熟料窑烟气治理的主要目的。目前，我国熟料烧成窑烟气基本采用旋风除尘器加电除尘器两级治理，收尘效果明显，排放浓度均可达到现行国际标准《工业炉窑大气污染物排放标准》(GB 9078—1996) 的要求。在实现污染物达标排放的同时，还提高了价值较高的熟料回收量。

(2) 氢氧化铝焙烧炉烟气必须采用电除尘器处理。氢氧化铝焙烧炉烟气的主要污染物是氧化铝粉尘和二氧化硫，由于烟气中二氧化硫等其他污染物浓度相对较低，已满足《工业炉窑大气污染物排放标准》(GB 9078—1996) 的要求。因此，采用除尘器处理收下的粉尘是氧化铝成品。目前，各氧化铝厂对焙烧炉烟气采取的措施都是较为严格的，而且氧化铝厂流态化焙烧炉烟气均是采用电收尘，排放的烟气含尘浓度可控制在排放标准内，可实现达标排放，同时回收氧化铝物料，因此可获得较好的经济效益。

(3) 工业锅炉应根据具体条件选用低硫煤或烟气脱硫措施。工业锅炉燃煤烟气是氧化铝厂一个不可忽视的大气污染源。

国家现行标准《锅炉大气污染物排放标准》(GB13271) 对工业锅炉烟气中的烟尘、黑度、二氧化硫和二氧化氮都制定了限制值。对于烟尘，采用目前国内已成熟的治理工艺和设备可以实现达标排放，但是对于二氧化硫，当燃料为中硫 ($w(S) = 1.5\% \sim 2.5\%$)、富硫 ($w(S) = 2.5\% \sim 4.0\%$)、高硫 ($w(S) > 4.0\%$) 煤时，对大气环境会造成一定程度的影响。目前降低二氧化硫的方法有两个方面：一方面是可以采取控制燃料的硫含量或改变燃料的办法，一般硫含量小于 0.5% 的煤炭（或燃料油）的烟气中的二氧化硫才能达标；另一方面是随着脱硫技术的改进，锅炉烟气的二氧化硫可以净化达到相关的排放标准。20t/h 及以上的大中型燃煤锅炉，应根据具体条件选用低硫煤做燃料，或者对使用中高硫煤的锅炉采用循环流化床燃烧或烟气脱硫技术。

8.2.2　废水的污染及治理

8.2.2.1　废水的污染

在氧化铝生产中，湿法冶金工艺流程较长，液态物流均呈碱性。正常生产时，由于各类设备的冷却水，各类物料泵的轴承冷却水，石灰炉排气的洗涤水，设备及管道等难以避免的跑冒滴漏的碱性溶液，设备事故及检修时清洗设备、容器、管道及车间地面的清洗水，赤泥输送水等均会产生碱性废水（液）。这些废水中含有 Na_2CO_3、NaOH、$NaAl(OH)_4$、$Al(OH)_3$ 及含有 Al_2O_3 的粉尘、物料等。氧化铝厂的废水成分随工艺方法的不同而有差异，即使是同一工厂，也会因生产管理的优劣而有所不同，烧结法氧化铝厂的废水中碱含量约为 78～156mg/L（以 Na_2O 计），联合法氧化铝厂的废水中碱含量约为 200～290mg/L（以 Na_2O 计）。不同方法生产氧化铝厂的废水成分见表 8-3。

表 8-3　不同方法生产氧化铝厂的废水成分

项　目	烧结法	联合法	拜耳法（前苏联）	霞石法（前苏联）
pH 值	8.0～9.0	8.0～11.0	9～10	9.5～11.5
总硬度/$mg \cdot L^{-1}$	90～150	40～50		
暂硬度①/$mg \cdot L^{-1}$	116			
总碱度/$mg \cdot L^{-1}$	78～156	400～560	84	340～420
$\rho(Ca^{2+})/mg \cdot L^{-1}$	150～240	14～23	40	
$\rho(Mg^{2+})/mg \cdot L^{-1}$	40	13	11.5	
$\rho(Fe^{2+})/mg \cdot L^{-1}$	0.1		0.07	10～18
$\rho(Al^{3+})/mg \cdot L^{-1}$	40～64	100～450	10	10～18
$\rho(SO_4^{2-})/mg \cdot L^{-1}$	500～800	50～80	54	40～85
$\rho(Cl^-)/mg \cdot L^{-1}$	100～200	35～90	35	80～110
$\rho(CO_3^{2-})/mg \cdot L^{-1}$	84	102		
$\rho(HCO_3^-)/mg \cdot L^{-1}$	213	339		
$\rho(SiO_2)/mg \cdot L^{-1}$	12.6		2.2	
悬浮物含量/$mg \cdot L^{-1}$	400～500	400～500	62	400～600
总溶解性固体含量/$mg \cdot L^{-1}$	1000～1100	1100～1400		
油含量/$mg \cdot L^{-1}$	15～120			

① 暂硬度指水中对应于碳酸氢根离子和碳酸根离子的硬度，这部分硬度可以用加热煮沸的方法除去，又叫碳酸盐硬度。

由表 8-3 可见，氧化铝厂的废水中除碱含量较高外，悬浮物、Al^{3+} 及油的含量均偏高。

氧化铝厂生产的废水量较大，如联合法生产 1t 氧化铝耗水量达 120～180m^3，产生废水 24～40m^3。20 世纪 90 年代前期，我国氧化铝厂大部分的碱性废水没有得到很好的回收利用，含碱和盐的废水一直是各氧化铝厂环境污染的主要问题。

氧化铝厂含碱和盐的生产废水可对人体的皮肤、眼睛和黏膜产生强烈的刺激作用，导致皮肤灼伤和腐蚀。它们进入消化系统，会引起消化道黏膜糜烂、出血；进入呼吸系统，则引起呼吸道和肺部损伤。水体遭到含碱和盐废水不同程度的污染后，水中微生物的生化反应受到抑制，它们会造成伤害甚至死亡，致使水体自净化能力产生阻碍，而水体长期受到含碱和盐的废水污染，将使水中生物的种群发生变化，可使鱼类减产以至绝迹，从而对生态系统产生不良的影响。含碱和盐的废水污染，可使河水矿化度增高，导致流经的土壤盐碱化、沼泽化，造成农业减产，并可严重危害人体健康。废水中悬浮的固体粒子会在水中堵塞鱼鳃，使鱼窒息死亡；悬浮物能够截断光线，因而减少水生植物的光合作用；可溶性盐类还影响水的色泽和浊度。

8.2.2.2　废水的治理措施

氧化铝生产基本采用碱法，其工艺流程有拜耳法、烧结法和联合法，但无论采用哪种工艺都需要用碱（NaOH 或 Na_2CO_3）处理铝土矿，使矿石中的氧化铝与碱反应生成铝酸钠溶液，再经分解从溶液中析出氢氧化铝，氢氧化铝经过焙烧脱水后，即获得氧化铝。在氧化铝生产过程中，一方面，水作为溶剂几乎贯穿于整个生产过程，伴随着各种浆液或溶液进行各种物理化学反应；另一方面，水作为冷却剂用于各个生产工序的设备冷却。

氧化铝生产工艺过程大部分在碱液条件下进行，废水中的主要污染物是碱。一座750kt/a 的氧化铝厂，年排放废水量为 $1.6\times10^7m^3$，生产废水的 pH 值在 10 ~ 11.9 之间，总碱度高达 780mg/L，废水超标排放，对水环境造成了污染。由于碱是氧化铝生产的主要原料之一，水中含有氧化铝、氧化钠等，废水的排放过程也是物料及碱损失的过程，既浪费水资源，增加碱耗及物耗，影响经济效益，又污染环境。因此，氧化铝工业的科技人员一直致力于降低碱耗、水耗及减少废水排放的技术研究开发工作，特别是近年来，通过对工艺技术改造，采取各种治理措施，贯彻“清浊分流，分质处理，以废治废，一水多用，循环利用”的原则，节约用水，强化管理，使一些氧化铝企业实现了生产废水零排放，做到了工业用水和排水的封闭循环，彻底解决了水环境污染问题，其治理技术和管理经验值得推广。具体措施是：

（1）碱含量高的生产废水返回生产或循环水系统。氧化铝生产过程中跑、冒、滴、漏的料浆和溶液，各类设备、储槽及地坪的清洗水，各类料浆泵的轴承封润水，以及赤泥输送水等，都是碱（Na_2CO_3、NaOH、$NaAl(OH)_4$）含量高的生产废水，均由专门设置的污水泵站经沉淀澄清净化处理后返回生产系统，例如烧结法氧化铝厂，送去生料磨回收利用。

氧化铝工艺过程产生的含碱水、母液、硅渣及其附液、赤泥洗液可作为生料磨或熟料溶出的配料综合利用。赤泥堆场返回的附液（回水）可复用于赤泥洗涤和输送。

（2）设置净循环水系统。氧化铝生产系统的母液蒸发器、真空冷凝设备、空压机、空冷机、油冷机等上用的冷却水均为设备间接冷却水，它们除温度发生变化外，基本不含有害物质，设置净循环水系统，使这些冷却水经冷却塔冷却后，和其他洁净生产水串入系统循环使用。各种水量较小而且分散的设备（如泵、风机等）冷却水，可排入二次利用水系统作为净循环水系统的补充水。

（3）热电厂软化水处理工艺。郑州铝厂采用反渗透—离子交换法联合脱盐工艺，使电厂含盐循环水脱盐净化后返回利用。反渗透法是利用膜的选择透过性，在高压作用下截留水中的盐分，而使水分子克服渗透压，透过膜后达到膜的另一侧，实现含盐水的脱盐处理，起到预脱盐作用；离子交换法是利用树脂上的可交换离子与水溶液中其他同性离子进行交换，做进一步提纯得到软水。这是减少废水排放量，减少酸碱性废水污染的有效措施。

（4）除灰渣水循环系统。热电厂采用水力除灰系统，除灰渣水设循环水系统，使冲灰水在灰场澄清后，由设在灰场的回水泵返回循环利用。冲灰补充水应全部用二次利用水，而不应用新水。电厂循环水系统的排污水、水处理系统等所有生产排水，均可综合利用。

（5）设置生产废水处理站及回收措施。我国各氧化铝厂均设有生产废水（或污水）处理站。将各生产系统排放的生产废水汇集后进入废水处理站，经加药、沉淀处理除去废水中的悬浮物、泥沙和油类后，返回生产系统循环利用。

(6)利用赤泥附液软化补充水。采取清浊分流、分质处理、一水多用、循环利用,尽量扩大循环水用量是氧化铝厂实现“零排放”的关键措施。我国氧化铝厂在这方面已有不少成功经验,给水循环率已达总用水量的75% ~85%,并实现了蒸发冷却水复用于赤泥洗涤等。但由于循环水质较差,结疤严重,经常堵塞设备和管道,限制其进一步扩大使用范围,与国外相比,循环水的使用尚有一定差距。

8.2.3 赤泥的污染及综合利用

8.2.3.1 赤泥的污染

氧化铝厂生产排放的废渣即赤泥,它是含有 SiO_2、Fe_2O_3、Al_2O_3、CaO、Na_2O 等成分的不溶性泥沙,其数量随着采用的铝矿石品位和生产方法不同而有所差异。每生产 1t 氧化铝大约产出 0.5 ~2t 赤泥。随着氧化铝工业的发展和铝土矿品位的降低,赤泥量将越来越大。每吨赤泥还夹带 3 ~4m^3 的含碱附液(国内外氧化铝厂赤泥附液成分见表 8 –4),这使得赤泥成为氧化铝厂最大的污染源。赤泥的大量堆放不仅污染环境,而且影响景观。防止赤泥污染的根本出路在于实现赤泥的综合利用,变废为宝。但是迄今为止,全世界每年产出的几千万吨赤泥,只有很少一部分(15% ~30%)得到利用,其余大部分未被利用,而是集中堆存,占用了大片土地并消耗了较多的堆场建设和管理费用。随着我国氧化铝工业的发展,赤泥的处理已成为突出问题。

表 8 –4 国内外氧化铝厂赤泥附液成分

项 目	我国烧结法厂	我国联合法厂	国外拜耳法厂
pH 值	14	14	12
总固含/$mg \cdot L^{-1}$	2600 ~7600	12000	
碱度/$mg \cdot L^{-1}$	110	120	360
$\rho(K^+)/mg \cdot L^{-1}$	1212 ~2690	240	
$\rho(Na^+)/mg \cdot L^{-1}$	1600	1500	
$\rho(Mg^{2+})/mg \cdot L^{-1}$	0	0	1
$\rho(Ca^{2+})/mg \cdot L^{-1}$	0	0	4
$\rho(SO_4^{2-})/mg \cdot L^{-1}$	600	70	135
$\rho(SiO_2)/mg \cdot L^{-1}$	17	30	4.5
$\rho(Cl^-)/mg \cdot L^{-1}$	20 ~260	18	55

目前,国内外氧化铝厂大多将赤泥输送堆场,筑坝湿法堆存,靠自然沉降分离附液,再返回利用。如果堆场土层没有足够的防渗透能力,就必须对堆场进行防渗透处理,以防大量赤泥附液渗透到附近农田,造成土壤碱化,污染地表和地下水源,对工农业、渔业及周围环境造成污染。我国氧化铝厂早期建设的赤泥堆场未采取防渗措施,现已发现堆场四周有不同程度的地下水污染和湿陷塌方。如山东铝厂的赤泥堆场污染地下水上游达 200m,下游约 500 ~700 m(民井水含 Na_2O 0.5mg/L),且因赤泥堆场液面的升高而提高了当地的地下水位,甚至使局部地区沼泽化。距离郑州铝厂的赤泥堆场 250 ~350m 的陇海铁路多年来下沉了 70cm。

此外,赤泥堆场筑坝的安全稳定运行和防洪措施,对氧化铝生产和环境保护至关重要,因为一旦发生大坝垮塌事故,势必造成周围土地、水源的大面积污染和财产损失,影响企业的经济效益和社会效益。如山西铝厂苍头二期赤泥灰渣堆场,曾发生4次大坝垮塌事故,因淹没农田而引起的农业赔款消耗资金累计上百万元。

8.2.3.2　赤泥的综合利用

赤泥堆存往往要占用大量的土地和农田,并耗费较多的堆场建设和管理维护费用,还使赤泥中的许多可利用成分不能得到合理利用,造成了资源的二次浪费。长期以来,国内外对赤泥的综合利用进行了大量研究。由于矿石成分和氧化铝生产方法的不同,赤泥的化学和矿物组成差别很大,赤泥利用的途径也存在差异。多年来,文献报道了很多综合利用赤泥的方案,但由于经济上和技术上的种种原因,大多数未付诸工业实践。从世界范围看,烧结法赤泥得到了不同程度的利用,拜耳法赤泥尚未解决大量利用问题。

A　烧结法赤泥

烧结法赤泥浆呈红色,其固液比一般为1:(3～4),所含附液具有较高的碱性,pH值为10～12。赤泥颗粒直径为0.08～0.25mm,真密度为2.3～2.7g/cm^3,体积密度为0.73～1.0g/cm^3(烧后为0.47～0.58g/cm^3),熔点为1200～1280℃。

赤泥在堆场堆存时,由于温度变化和雨水浸泡,盐碱会逐渐溶出,在堆面形成1cm左右厚度的白色粉末,表层赤泥则结成具有砂性的硬块,并由原来的红色逐渐转变成蓝黑色。

烧结法赤泥的化学组成较为复杂,主要包括Al_2O_3、SiO_2、Fe_2O_3、CaO、TiO_2、Na_2O等,还有少量稀有金属和放射性元素。烧结法赤泥的化学成分(质量分数)见表8-5。

表8-5　烧结法赤泥的化学成分(质量分数)

原料类型	生产方法	赤泥组成(质量分数)/%					
		Al_2O_3	$R_2O(Na_2O+K_2O)$	Fe_2O_3	SiO_2	CaO	灼减
铝土矿	烧结法	5.4	2.9	9.4	21.6	45.6	8.5
	串联法	4.9	2.6	24	19	42.5	3.5
	混联法	7.0	2.9	8.1	20.5	45.1	8.3
霞石精矿	烧结法	2.66	2.03	2.51	30.3	58.05	2.28
磷霞岩	烧结法	3.20	1.90	4.2	28.5	55.3	0.9

烧结法赤泥中最主要的物相是硅酸二钙,即$2CaO \cdot SiO_2$,此外还有数量不等的水化石榴石、水合铝硅酸钠、赤铁矿、针铁矿、铁酸钙、碳酸钙及钛酸钙等。作为赤泥主要矿物组分的硅酸二钙,在有触发剂作用下,具有水硬胶凝性能,且水化热不高。这一点对赤泥综合利用具有重要意义。

多年来,国内外特别是我国对烧结法赤泥的综合利用开展了许多研究工作,探索出了一些技术可行、效益较好的利用途径,在有的氧化铝厂已具有相当的工业生产规模。但从整体上看,由于赤泥排放量大、含水率高、碱性强等特点,综合利用进展不快。下面简要介绍烧结法赤泥的综合利用:

(1)用作生产水泥。具体做法是:

1)赤泥代替黏土生产普通硅酸盐水泥。目前,烧结法赤泥主要用于生产普通硅酸盐水泥。我国山东铝厂每年处理35 万吨赤泥生产水泥100 万 t,赤泥的利用率约为40%。

利用赤泥生产水泥所用的原料(黏土、石灰石)和燃料消耗低,基建投资少,产品成本低,具有良好的经济效益和环境效益。但是赤泥中碱含量偏高,限制了赤泥利用率的提高。

2)赤泥代替黏土烧制油井水泥。

3)赤泥生产硫酸盐水泥。

(2)生产砖。利用赤泥为主要原料可生产多种砖,如免蒸烧砖、粉煤灰砖、黑色颗粒料装饰砖、陶瓷釉面砖等。烧结法赤泥制釉面砖采用的原料组分较少,除赤泥作为基本原料外,仅辅以黏土质和硅质材料。

(3)生产其他材料。生产钢铁和铸造工业用的保温材料、铸造用的赤泥流态自硬砂、塑料填充剂等。

B 拜耳法赤泥

拜耳法赤泥的矿物组成复杂,主要有赤铁矿(或针铁矿等)、水合铝硅酸钠(方钠石、钙霞石)、水化石榴石、钛酸钙、石灰、石灰石以及少量未溶出的氧化铝水合物等。文献报道了大量利用拜耳法赤泥的方法和工艺流程,包括综合处理以利用全部赤泥或只回收其中某些有用成分(如 Fe、Na_2O 和 Al_2O_3 等)的,但除串联法外,在工业上和经济上具有价值的还不多,绝大多数尚未用于工业化。

目前,拜耳法赤泥利用的主要方向有:

(1)综合处理赤泥生产铁、氧化铝和水泥。

(2)生产建筑材料,如道路建筑的红色填料、砖等。在德国、匈牙利等国已有工业实践。

(3)用作高炉炼铁的球团矿的黏结剂和炼钢的助熔剂。

(4)用赤泥与淤泥的混合物改良土壤。经过改良的土壤,其矿物成分和肥力明显提高了。

参考文献

[1] 王捷. 氧化铝生产工艺[M]. 北京:冶金工业出版社,2006.
[2] 陈聪. 氧化铝生产设备[M]. 北京:冶金工业出版社,2006.
[3] 毕诗文,等. 拜耳法生产氧化铝[M]. 北京:冶金工业出版社,2007.
[4] 符岩,等. 氧化铝厂设计[M]. 北京:冶金工业出版社,2008.
[5] 顾松青,等. 有色金属进展第三卷:轻金属[M]. 长沙:中南大学出版社,2007.
[6] 周连碧. 有色金属进展第十二卷:有色金属工业环境保护[M]. 长沙:中南大学出版社,2007.
[7] 王克勤,等. 氧化铝生产技术问答[M]. 北京:化学工业出版社,2010.

冶金工业出版社部分图书推荐

书　名	作　者	定价(元)
有色冶金概论(第3版)	华一新	49.00
有色金属真空冶金(第2版)	戴永年	36.00
有色冶金化工过程原理及设备(第2版)	郭年祥	49.00
有色冶金炉	周子民	35.00
冶金设备(第2版)	朱　云	56.00
重金属冶金学	翟秀静	55.00
轻金属冶金学	杨重愚	39.80
稀有金属冶金学	李洪桂	34.80
复合矿与二次资源综合利用	孟繁明	36.00
冶金工厂设计基础	姜　澜	49.00
物理化学(第2版)	邓基芹	36.00
无机化学	邓基芹	36.00
冶金专业英语(第3版)	侯向东	49.00
金属材料及热处理	王悦祥	35.00
冶金原理(第2版)	卢宇飞	45.00
铁合金生产工艺与设备(第2版)	刘　卫	45.00
矿热炉控制与操作(第2版)	石　富	39.00
稀土冶金技术(第2版)	石　富	39.00
稀土永磁材料制备技术(第2版)	石　富	42.00
火法冶金——粗金属精炼技术	刘自力	18.00
火法冶金——备料与焙烧技术	陈利生	20.00
火法冶金——熔炼技术	徐　征	31.00
火法冶金生产实训	陈利生	18.00
湿法冶金——净化技术	黄　卉	15.00
湿法冶金——浸出技术	刘洪萍	33.00
湿法冶金——电解技术	陈利生	22.00
湿法冶金生产实训	陈利生	25.00
氧化铝生产仿真实训	徐　征	20.00
金属铝熔盐电解	陈利生	18.00
金属热处理生产技术	张文丽	35.00
金属塑性加工生产技术	胡　新	32.00